Frank Pohlmann

Ein Dackel geht immer

NWM-Verlag

In Dankbarkeit
meinen ehemaligen Erziehungsberechtigten,
auch dafür, dass sie mich auf den Hund gebracht haben.

Frank Pohlmann

Ein Dackel geht immer!

Impressum

Herausgeber:
cw Nordwest Media Verlagsgesellschaft mbH • Am Lustgarten 1 • 23936 Grevesmühlen
Tel./Fax: 03881/2339 • info@nwm-verlag.de • www.nwm-verlag.de

Autor: Frank Pohlmann
Illustrationen: UP Schwarz
2. Auflage 2021

Gesamtherstellung:
cw Nordwest Media Verlag
Erscheint unter dem Label: FOX

ISBN: 978-3-946324-40-9

Inhalt

Vorwort

Ja, es kommt einer Seelenmassage gleich, wenn sich eine Katze schnurrend zusammengerollt auf dem eigenen Schoß befindet. Ja, es löst eine Gänsehaut aus, wenn man die Stallgasse betritt und das wohlige Erkennungsschnauben eines Pferdes vernimmt. Ja, es ist ein Ohrenschmaus, wenn ein Singvogel seine Arien von sich gibt. Und das perfekt beleuchtete Aquarium stellt in den Abendstunden jedes Programm der mittlerweile sehr großflächigen Flimmerkisten über Stunden in den Schatten.
Es ist einfach etwas Besonderes, mit Tieren zu leben, die sich in unseren Breitengraden nicht zum Verzehr eignen, sondern die Familienmitgliedsstatus erreicht haben.

Die Gattung Hund ist dabei natürlich etwas ganz Besonderes, denn sie vereint viele der geschätzten Attribute auf sich. Verständlicher Weise, denn wer es so lange in seiner Entwicklungsgeschichte mit Menschen ausgehalten hat, der weiß wie es läuft.
Nun, und bei Dackeln kann es keine zwei Meinungen geben. So objektiv bin ich selbstverständlich als bekennender Liebhaber des Kurzbeiners, und der geneigte Leser wird es mir nachsehen – Dackel sind natürlich die Besten!
Der legendäre Blick, selbst wenn andere Tiere ebenfalls hypnotisch dreinschauen können, die charakteristische Körperform, die man einer Giraffe natürlich auch nicht absprechen kann, der Kultstatus, ob sinnvoll erachtet oder nicht, den die kurzläufigen Bauhunde sich vom Serienheld bis zum Maskottchen erworben haben. Der Dackel strahlt förmlich Freundlichkeit, strahlt Gelassenheit aus. Ist aber ebenso mutig, gewandt und hat im positivsten Sinne seinen eigenen Kopf – er hat Selbstbewusstsein.
So lang sein Körper auch ist, so lange gibt es ihn auch schon. Mehr als 2000 Jahre sollen seine Vorfahren alt sein. Die Kelten mochten diese Dackel-Vorfahren, die Römer auch. Vom Mittelalter bis zur Neuzeit, der Dackel, Teckel oder Dachshund war stetiger Begleiter, fand sogar Einzug in alte Handschriften.
Man kann Vieles mit einem solchen universell verwendbaren Begleiter mit vier kurzen Beinen erleben, ungeachtet wie weit sein Stammbaum reicht.
Inzwischen durften auch wir mit solch einem Exemplar erleben, wie sich der familiäre Horizont erweitert. Nichts was er nicht mitgemacht hätte, nichts was er abgelehnt hätte, keine Sekunde in der wir unsere Entscheidung bereut hätten, es ist so einfach wie es sich liest – **ein Dackel geht eben immer!**

Der erste Kontakt mit einer legendären Hunderasse

Die Oberfläche des Waldsees war spiegelglatt, nicht eine einzige kleine Welle war zu sehen. In tiefgrüner Pracht bildeten sich die umstehenden turmhohen Nadelbäume eins zu eins auf der weitläufigen Wasseroberfläche ab. Alles umgeben von dieser ganz besonderen Luft. Zum Schneiden, so angefüllt war sie mit dem Duft von Erde, Nadeln, Blättern, von Waldboden. Nach der ersten abgeschnittenen Scheibe würde man sogar noch einen Nachschlag verlangen, so gut, so intensiv roch und schmeckte sie.

Einige vereinzelte gefiederte Musikanten boten die üblichen morgendlichen Tonleitern zum Besten. Ansonsten waren nur noch die beiden rechts und links von uns ganz regelmäßig aufsteigenden schemenhaften Wolken aus Wasserdampf wahrzunehmen – gefrierende Atemluft der uns flankierenden Hunde.

Ein herrlicher See, die herrliche Luft, der herrliche Wald, die herrliche Ruhe, die herrlichen Vierbeiner, eine herrliche Morgenstimmung – alles intensivst herrlich. Nur ein einziges kurzes Kommando veränderte diese Herrlichkeit in pure Lebenslust. Das kurze, knappe „Voran“ führte dazu, dass Bodo und Baldur, beide mit wenigen Sekunden Versatz, vom Ufer neben uns in den vor uns liegenden See preschten. Das Tannenspiegelbild zerfiel in der Gischt des aufspritzenden Wassers und sich kräuselnder Wellen. Die Vogelschar war nicht mehr zu hören, die Ruhe dahin – jetzt „brodelte“ es im kühlen Nass.

Das Bild, welches sich bot, rechtfertigte jedoch diese vermeintliche Störung eines Idylls. Der Schäferhund Baldur paddelte mit kräftigen Zügen in Richtung des gegenüber liegenden Ufers. Das klare Wasser perlte im Rhythmus der arbeitenden Schulterblätter von seinem breiten Rücken. Prustend zog er lange V-förmige Wellen hinter sich her. Sein langgestreckter Körper pflügte eine schnurgerade Bahn. Im Kielwasser folgte Dackel Bodo, nicht minder stark prustend, nur mit naturgegebener viel höherer Schlagzahl der Vorder- und Hinterläufe. Er zog leichte Schlangenlinien, bewegte sich spielerisch mit einer zum blauengrauen Himmel gebogenen Rute, die wie eine auf Empfang ausgerichtete Antenne aussah. Die beiden Vierbeiner strömten einfach nur Kraft und Leidenschaft und Spaß und Begeisterung und ungebändigte Freude aus. Am gegenüberliegenden Ufer nahm jeder in Windeseile seinen dort hin geworfenen Stock auf und begab sich mit erneutem Eifer mit vollem Schwung ins Wasser. Das „Rennen" war zwar ob der Körpergrößen ungleich, aber beide Hunde verharrten nach ihrer Ankunft am Zielufer in perfekter Sitzposition mit Stock im Fang vor meinem Großonkel. Mit glänzenden Augen, vor Aufregung sowie von dem erfrischenden Bad leicht zitternd, warteten sie erneut auf ein Kommando. Beim „leg ab" durfte ich den Stock von Teckel Bodo ab- und aufnehmen, das hatten wir vorher als Ausnahme so abgesprochen.

Es sind nicht viele Morgende gewesen, die ich während der Schulferien im „Bayrischen" mit „meinem" Onkel Waldemar verbracht habe, aber sie haben sich ganz, ganz tief auf meiner Festplatte, Pardon, die gab es in den Siebzigern noch gar nicht, also in meinem Herzen festgesetzt. Mein Großonkel war für mich Achtjährigen natürlich das uneingeschränkte Kultobjekt, mit zwei bis drei Herzschlägen Abstand gefolgt von dem flinken, kurzläufigen Bodo. Dann erst kam der tigerhafte Baldur an die Reihe. Die drei waren ein eingespieltes Team. Der Schäferhund hatte Onkel Waldemar, den ehemaligen Polizeibeamten der Hundestaffel – mit immer perfekt sitzendem Seitenscheitel – in den Ruhestand begleitet. Der Dackel war von einem verstorbenen Freund in seinen Besitz gelangt. Als Witwer und Pensionär, mit immer noch perfekt sitzendem Seitenscheitel, stand somit ausgiebig Zeit für Bodo und Baldur zur Verfügung. War ich anwesend, hatte auch ich meinen Platz in diesem eingeschworenen Haufen.

Zu Haufen kam es natürlich auch regelmäßig bei den Ausflügen in die nähere und weitere Umgebung. In einer Zeit, in der im Auto Kopfstützen sowie Anschnallgurte noch Fremdkörper waren, häuften sich nämlich meine Wenigkeit und die Vierbeiner auf der schmalen Rückbank, während Onkel Waldemar in höchst korrekter Sitzhaltung, mit perfekt sitzendem Seitenscheitel, den VW Käfer steuerte. Ob seiner „Handlichkeit" befand sich der kompakte Dackel immer auf meinem Schoß. Ich durfte ihn an der Leine führen, durfte ihn füttern, er war während des Aufenthaltes „mein" Hund. So war es nur naheliegend, dass sich eine ganz besondere Beziehung zum Dackel Bodo entwickelte. Der regelmäßig auftretende Dickkopf, der selbst meinem Großonkel immer wieder die Stirn bot und nicht das machte was er sollte, war für mich als Jungen zutiefst beeindruckend. Sein ansonsten ausgeglichenes Wesen wirkte höchst beruhigend, vom sprichwörtlichen hypnotisierenden Dackelblick ganz zu schweigen. Er ließ sich bei den regelmäßigen Brotzeitpausen als Kopfkissen nutzen, wenn wir auf einer Blumenwiesen verweilten. Er war ein ausdauernder Spielkamerad sowie ein einfühlsamer Zuhörer: Ich war einfach rundherum in den Dackel-Prachtkerl vernarrt.

Die jeweilige Trennung von meinem Freund mit dem treuen Blick war natürlich immer eine vorprogrammierte Gefühls-Katastrophe. Es war schließlich nicht einzusehen, weshalb man überhaupt nach Hause sollte. Und wenn man schon nach Hause sollte, konnten doch wenigstens Onkel Waldemar und die Hunde mitkommen. Und wenn schon nicht Onkel Waldemar und die beiden Hunde mitkommen konnten, so doch wenigstens mein geliebter Bodo. Nun, wir fuhren immer ohne ihn. Die Drei standen, vom Heckfenster des Autos umrahmt, auf der Straße, Onkel Waldemar winkte, ich winkte zurück. Bodo war der erste, den man nicht mehr richtig sehen konnte. Jedes Mal, wenn der Trennungsschmerz überwunden war, gelobte ich feierlich: Wenn ich groß bin, werde ich auch einen Dackel besitzen, nur ein Dackel kam in Frage – das stand in Stein gemeißelt fest, es gab keinen anderen Hund, nur einen Dackel.

Dackelfreunde beachten bitte: Kopfstütze und Anschnallgurt sind eine ebenso sinnvolle Errungenschaft der Neuzeit wie die bewährten Hundeboxen zum sicheren Transport. Außerdem ist es höchst förderlich, bayrische Verwandtschaft zu haben, um sich auf seine Traumhunderasse festzulegen.

DER DACKEL

Haustierwahl – Es wird ein Hund und keine Katze

Die Weisheit, es kommt erstens immer anders und zweitens als man denkt, hat seine nachvollziehbare Berechtigung.
Der einstige im Bayrischen geborene Dackelwunsch wurde nämlich seitens meiner Erziehungsberechtigten durch die spontane Beschaffung einer ausgesprochen liebenswerten Promenadenmischung durchkreuzt bzw. regelrecht torpediert.
14 Jahre, bis Ende der Achtziger Jahre, konnte ich somit erste Hundeerfahrungen sammeln. Der Vierbeiner selber ersetzte mir die fehlenden Geschwister, war treuer Freund und Tröster, ein ausdauernder Zuhörer ohne Widerworte, stärkte unzählige Male mein Selbstbewusstsein, begleitete die erste Liebe und anschließenden Trennung von derselben, war eben ein ständiger Wegbegleiter in allen Lebenslagen. Für diese Treue wurde er von mir mit dem höchst kreativen Namen „Blacky" wegen seines schwarzen Fells „belohnt" (welch unkreative Verwirrung) und erhielt obendrein, wegen der damals erschlagenden Marketingkampagne, nur die Einheitsnahrung Frolic vorgesetzt.
Als ich ihn im fortgeschrittenen Alter ob einer unheilbaren Krebswucherung im Vorderlauf einschläfern lassen musste, war ich sicher, nie wieder einen Hund an meiner Seite haben zu wollen. Der Verlust war ein viel zu tiefer Einschnitt in meinem Leben. Dieser mein erster eigener Hund erschien völlig unersetzlich und blieb es.
Aber auch bei dieser Entscheidung kam „Erstens kommt es anders und zweitens als man denkt" – zum Tragen, denn in beeindruckender Geschwindigkeit war der Zeitpunkt erreicht, erneut über ein passendes Haustier nachzudenken. Nach Studium, beruflichem Werden und Hochzeit äußerte jetzt der selbstproduzierte Nachwuchs seine „Forderung" nach einem Hundevierbeiner.
Trotz intensiver Ermutigung waren bis zu diesem Zeitpunkt weder Schildkröte, Meerschwein, Ratten, Hamster, Mäuse oder sonstiges Getier von Interesse gewesen. Unsere Zwillinge Katharina und Philipp hatten sich entgegen einer höchst katzenaffinen Mutter eigenständig sowie unbeeinflusst auf einen Hund festgelegt. Möglicherweise waren meine sporadisch gestreuten Hinweise, dass, wenn eine Katze die familiär genutzten Räumlichkeiten mitbewohnen würde, ich mir einen Hund anschaffen würde, der regelmäßig dafür sorgen würde, dass eine neue Katze angeschafft werden müsste, doch geringfügig prägend. Aber das war ja schließlich nur im Spaß gemeint, also das war ganz ohne Ernst, das war so gesehen gar nichts. Jedenfalls wurde dem Wunsch im entsprechenden unbeeinflussten Familienrat stattgegeben.

Und überhaupt: Ein Hundevierbeiner bietet schließlich für heranwachsende Menschenzweibeiner tatsächlich den in der einschlägigen Literatur beschriebenen pädagogischen Vorteil, zu erfahren, was Verantwortung bedeutet. Spätestens nach den ersten Welpenfreuden wird es ernst. In den Morgenstunden, auch bei Regen, Schnee, Eis, herabfallenden Dachziegeln, abstürzenden Sportflugzeugen, umfallenden Bäumen oder Windhosen die gemütlich warme Bettstatt zu verlassen, um einen entsprechenden Spazierlauf zu unternehmen, ist eben nicht immer lustig und bereitet auf das echte Leben vor. Mittags und abends dann gleich nochmal. Außerdem müssen auch solche Kleinigkeiten, wie für die pünktliche Nahrungs- oder Frischwasserversorgung zu sorgen, erst verinnerlicht werden. Jeden Tag Pizza oder Spaghetti mögen Hunde im Gegensatz zu Heranwachsenden auf Dauer auch nicht. Abschließend noch die zu wiederholende Stärkung des Selbstbewusstseins. Zum Beispiel durch die Notwendigkeit, vor einem vollbesetzen Straßencafé einen Beutel aus der Tasche zu ziehen, um sich beherzt der auf dem Bürgersteig frisch hinterlassenen Reste der zugeführten Fütterung anzunehmen und diese mit durchgedrücktem Rücken und hoch erhobenen Hauptes im nächsten Behältnis der Straßenreinigung zu entsorgen.

Und dann natürlich die weitere elementare Entscheidung, auf welche Rasse und damit auf welche Körpergröße die Wahl fällt. Ich wollte es natürlich anders machen als meine Eltern. Niemand sollte merken, dass ich jetzt meine Dackelchance erneut gekommen sah. Die Zeit heilt eben Wunden, Blacky würde es mir schon nachsehen. Pro Forma schaffte ich also einige Bücher über Hunderassen an. Die ausgewiesenen Seiten mit Teckel-Abbildungen wurden zur Buchmitte hin besonders mit dem Daumen bearbeitet, um zu gewährleisten, dass sie sich beim Blättern sofort an der handwerklich filigran bearbeiteten Knickkante öffneten. Durch Zufall erhielten die Zwillinge plötzlich zwei Schlüsselanhänger in Dackelform. Auch zwei sehr kuschelige Plüsch-Dackel lagen ebenso unerwartet wie von Zauberhand auf den Kinderbetten. Natürlich brachte ich auch immer wieder die Vorzüge der leicht handhabbaren Größe für alle Familienmitglieder ins Spiel. Die besonders hohe Lebenserwartung war ebenfalls ein schlagkräftiges Argument. Trotz dieser Bemühungen, alle unternommenen Versuche zeigten keine Wirkung. Die Kinder hatten ganz klare,

ganz eigene Vorstellungen von ihrer bevorzugten Hunderasse. Welch unglaubliche Unverfrorenheit, in unserem demokratisch aufgestellten Familienrat eine eigene Meinung zu behaupten und dann noch eine, die nicht meiner entsprach. Sohn Phillip wollte entweder einen ganz großen struppigen irischen Wolfshund – ersatzweise eine ganz große Dogge, also wirklich eine ganz richtig große Dogge. Absolut pragmatisch hatte er die Vorteile bei einem Robin-Hood-Film erkannt. Diese Hunderassen lagen erst einmal die meiste Zeit auf dem mit Stroh bedeckten Fußboden, waren damit also sehr ruhig. Sie konnten größere Mengen an Essensresten vertilgen. Wir würden also nichts mehr wegwerfen müssen. Sie boten außerdem einen nicht zu verleugnenden Schutzfaktor. Außerdem konnten sie im Winter einen Schlitten ziehen. Alles nachvollziehbare Vorteile, gerade, wenn man im Kernbereich einer Landeshauptstadt lebt. Allein unsere Küche mit Stroh einzustreuen, wäre sicherlich ein Grund für meine Frau gewesen, das Kind samt irischem Wolfshund, wahlweise ganz großer Dogge, zur Adoption freizugeben.
Ganz anders dagegen unsere Katharina. Ich habe, ehrlich gesagt, den Namen der Rasse längst vergessen, vielleicht auch verdrängt. (Nein, nicht vielleicht, ich

habe sie verdrängt.) Nach aufwändiger Recherche, meine präparierten Bücher missachtend, hatte sie diese „Wasauchimmeraufvierbeinen" eigenmächtig im Internet ausgegraben. Es war eine augenscheinliche besonders behaarte rattenähnliche Schoßhund-Ausführung, die beim ersten Herbststurm weggeblasen, zumindest aber von einem städtischen Laubsauger-Rüssel aus fünfzehn Metern Entfernung weggesogen worden wäre. Somit also ein kostspieliges Unterfangen, bedingt durch die notwendige regelmäßige Neuanschaffung inklusive Lederhalsband. Gründe oder Vorteile wurden einfach mit einer Handbewegung beiseite gewischt. Niedlich, kuschelig und gut – das reichte unserer Tochter. Wenigstens hier kein Stroh in der Küche.
Die eigensinnigen Kindervorschläge wurden jedenfalls an Orten, an denen sie nicht zuhören konnten, grundsätzlich demokratisch verworfen.
Dasselbe Schicksal ereilte aber auch meine eigenen Dackelbemühungen. Durch den Widerstand der Frau, bei der ich wohne, wurden sie ebenso demokratisch zunichte gemacht. Die Gattin hatte eine eindeutige Hausmacht, wie Mütter dies seit Menschengedenken zu haben pflegen. Also frei nach dem Motto: Was Mama sagt, ist für uns sicherlich das Beste oder wenigstens nicht schlecht. Sie proklamierte daher sogar in aller Öffentlichkeit, dass meine Körpergröße von knapp unter zwei Metern mit unverschuldetem Übergewicht neben einem Dackel einfach lächerlich aussehen würde. Abschließend wurden dann noch alle vorherrschenden Vorurteile zur Gattung Dackel aus der Schublade gezogen. Sie favorisierte nach „Buchlage", meine präparierten Seiten ebenfalls höchst elegant ignorierend, ohnehin entweder einen Bayrischen, noch lieber einen Hannoverschen Schweißhund, ohne zu wissen, welche durch uns unerfüllbaren Voraussetzungen mit diesem Wunsch verbunden waren.
Mein Dackeltraum aus Kindheitstagen war somit zunächst begraben! Aber Dackel sind Erdhunde. Sie können sich geschickt im Untergrund bewegen, sie können sich selber aus unwegsamen Situationen ausgraben. Wenn Dackel das können, dann können das natürlich „Wunschtraum"-Dackel erst recht.

Dackelfreunde beachten bitte: Lassen Sie sich von der Rassenvielfalt bei Hunden nicht zu sehr beeindrucken – Dackel sind die Besten. Familienrat ist doof, Demokratie eigentlich auch. Schaffen sie sich einfach ohne Abstimmung einen Dackel an oder heiraten Sie erst gar nicht.

Die finale Entscheidung zum Thema Hund

Die Laufgänge von deutschen Messen sind sicherlich nach irgendwelchen Vorschriften und irgendwelchen Brandschutzrichtlinen in Form und Breite genormt. Ob nun genormt oder nicht, sie sind gefühlt immer „proppenvoll". Hier schieben sich Jung und Alt und Dick und Dünn und schwer beladen oder noch mit leeren Tüten versehene Menschenmassen aneinander vorbei. Die langgewachsenen Besucher profitieren von dem größeren Sauerstoffanteil in den höheren Lagen, die Kleineren können ob der Wärmeabstrahlung in niedrigeren Regionen ohne Jacke den Messebesuch genießen. Schwer beladene Besucher haben durch die sie umgebende vermeintliche Knautschzone ein kontaktarmes Vorankommen, Leertütenläufer können sich dafür schneller fortbewegen.
Auf Hundemessen kommt noch ein weiterer Besuchertyp hinzu. Es werden Hunde mitgeführt, die mehr oder weniger geduldig im Gewirr der Beine die letzten verbleibenden Freiräume auf den Laufgängen einnehmen. Dass ein solch belebter Messegang für uns die entscheidende Wende bei der Suche nach einem passenden Vierbeiner einläuten würde, war zu keinem Zeitpunkt absehbar und schon gar nicht geplant.
Für uns war der Besuch der Messe, mit dem vielversprechenden Namen „Pferd & Jagd", langfristig geplant sowie demokratisch einstimmig verabredet worden. Einfach eine weitere Chance, den bereits gewonnenen Überblick über die verschiedenen Hunderassen auf diversen anderen Ausstellungen um die „jagdlichen" Rassen zu erweitern. Der großzügige „Hunde"-Bereich in der lichtdurchfluteten Halle beeindruckte beim ersten Anblick. Unzählige aneinandergereihte Stände boten ein einladendes Bild. Unter den unterschiedlichsten Logos oder Wappen der jeweiligen Rasseverbände befanden sich unterschiedlichste stolze Verbandsmitglieder mit unterschiedlichsten Hunden zum „Anfassen" oder wenigstens zum Anschauen. Ohne konkretes Ziel steuerten wir den ersten Kopfstand an. Der optisch perfekte Auftritt dieses Messestandes zog alle Familienmitglieder gleichermaßen an.
Unzählige Bilder vom Welpen bis zum ausgewachsenen Hund hingen an den weißen Wänden umrahmt von ansprechender Dekoration. Einige unaufdringliche Schautafeln mit informativen Texten dienten als Raumteiler.
Hinter dem gläsernen Tresen stand eine ernst dreinschauende Mitfünfzigerin im Dirndl. Ohne Erwiderung unseres Grußes wurde uns gestattet, die ersten beiden Fragen nach Wesen und Körpergröße der hier vertretenen Vierbeiner zu stellen. Viel zu knapp erhielten wir eine gelangweilte Antwort, die noch nachdrücklich

mit dem Hinweis versehen wurde: „Sie müssen einen Jagdschein nachweisen, wenn Sie sich für einen Welpen bei unserem Verein bewerben wollen." Ja, wunderbar, wie interessant, nur da waren zunächst noch weitere Basis-Fragen, die ich leichtsinnigerweise, ohne auf den Jagdscheinhinweis einzugehen, umgehend stellte. Wieder folgte eine viel zu knappe Antwort, nur diesmal mit einem verschärften Jagdscheinhinweis. Mit diesem war es aber nicht getan, sondern die Aufforderung wurde mit einem eingehenden Seitenblick zu dem auf dem Stand befindlichen anderen Tresen unterstrichen.

Hier saß zu besten Messebesuchszeiten Teil Zwei der Standbesetzung. Er war von Kopf bis Fuß in grün gehüllt, blickte sitzend ganz stur auf den vor sich positionierten Teller Erbsensuppe, den er teilnahmslos belöffelte. Dieser vermutliche Ehemann hatte vor lauter Begeisterung an seinen Hülsenfrüchten die Aufforderung der vermutlichen Ehefrau akustisch nicht wahrgenommen. Eine unentschuldbare Unaufmerksamkeit, die zur Folge hatte, dass der Jagdscheinhinweis sofort mit dem Zusatz des Vornamens des vermutlichen Ehemannes mit Nachdruck wiederholt wurde. Ohne aufzublicken erfolgte willig der knappe Kommentar: „Ja, wir geben Welpen nur an Jagdscheininhaber ab." Unsere Fragen war nicht wirklich befriedigend beantwortet worden, unsere Anfangseuphorie stark ausgebremst, aber wir wussten eines – hier würden wir nur einen Welpen erhalten, wenn wir im Besitz eines Jagdscheins wären. Als eine Form des letzten Aufbegehrens stellte ich die finale Frage: „Wo befinden sich denn Züchter hier in der Region?" Durch die konkrete Einbindung in die aufregende Kommunikation antwortete diesmal, mit einem Löffel Hülsenfrüchten im Mund, die Standbesetzung Zwei: „Da müssen Sie ins Internet schauen." Mit einem freundlichen Gruß verabschiedeten wir uns von diesem höchst erfolglosen Versuch der Informationsaufnahme. Eigentlich hätte ich noch gerne gefragt, weshalb man so lebhafte Menschen auf einem Messeinformationsstand abstellt und von noch größerem Interesse war die Frage, ob sich auf der Internetseite auch der Jagdscheinhinweis befinden würde. Ich sagte aber ganz rücksichtsvoll nichts, wollte ich doch nicht der Grund einer weiteren Unterbrechung der so konzentrierten Hülsenfruchtaufnahme sein.

Stand für Stand arbeiteten wir uns mit ausgesprochen positiven Eindrücken voran. Wir erhielten fachkundige Tipps, wurden über Vor- UND Nachteile aufgeklärt, unsere Zwillinge konnten die Standhunde anfassen, teilweise mit ihnen sogar herumbalgen – die Hirn-Speicher füllten sich stetig. Übrigens – weder Dogge noch das andere von Katharina ausgesuchte Wunsch-Ding wurden hier präsentiert.

Dann – ganz unvorhergesehen – saß ER da. ER saß nicht irgendwie oder irgendwo, nein er saß genau in der Mitte des belebten Messegangs. Die Entfernung betrug nicht mehr als 15 Meter. Es wären viele erdenkliche Plätze auf dieser Messe passender gewesen um sich zu platzieren – geschützt unter einem Tresen, ausruhend in einem Körbchen, am Rande des Ganges mit einer wesentlich geringeren Chance von dem regen Trubel betroffen zu sein oder zwischen den Läufen von Frauchen oder Herrchen. Nein, ER saß mittig auf dem Gang. Seine Sitzposition war zusätzlich noch quer zur Laufrichtung gewählt, sodass eine lange Schneise unseren Blick auf IHN zuließ. Die Hinterläufe waren bequem zur Seite gestreckt, die Rute im Halbrund auf dem Boden positioniert, der Körper gerade ausgerichtet, ohne ein einziges Zittern von Aufregung. Ein gut sichtbarer weißer Brackenstrich erstrahlte an dem kräftigen Brustkorb. Sein Deckhaar reflektierte die starken Deckenstrahler. Herrlich, wie es bei dieser Ausleuchtung schimmerte. Die kurzen kräftigen Beine, wie zwei griechische Säulen (sicherlich hat es im Altertum auch derart kurze Säulen gegeben), parallel nebeneinander ausgerichtet, endeten in zwei großen standfesten Pfoten. Der Kopf bewegte sich nur sehr selten und scheinbar auch nur dann, wenn die Nase einem verführenden Geruch eines mit Tüten schwer beladenen Besuchers folgte, um dann gleich wieder Ausrichtung auf die Längsachse des Ganges aufzunehmen.
All dies wurde von einem furchtlos unbeteiligten Blick begleitet, der eher auf eine blumenübersäte Almweide mit herrlichem Fernblick gehört hätte. Ganz sicher aber nicht zu dem IHN umgebenden „Wald“ an unzähligen Messebeinen mit dazugehörigen Besuchern. Erstaunlicherweise umgab IHN eine Aura, die dazu führte, dass niemand sich an IHM störte, sich aufregte oder gar sich erdreistete über IHN hinweg zu steigen. Dieser Logen-Platz nebst Schneise wurde von den Besuchern ausschließlich umschoben. Ich hatte die Familie abrupt mit der viel zu lauten Verkündigung „Das ist ER!“ gestoppt. „Seht euch doch einmal diesen Hund an – So einer muss es sein, oder?“ Mein Rund-um-Familiengesichtsausdrucks-Prüfblick fing nur bestätigendes Kopfnicken auf.
Die Situation, die sich hier bot, war einfach so prachtvoll wie unglaublich.

Also näherten wir uns IHM ganz langsam, ganz behutsam, ganz begeistert, diesem Bild von einem Dackel, der hier vor uns saß.
Kein Besitzer war im direkten Umfeld auszumachen. ER ließ sich ohne Veränderung seines Blickes von den Kindern streicheln. Mir schoss jetzt nur ein Gedanke durch den Kopf. Die Tüte in meiner rechten Hand war groß genug. Das vor mir sitzende Entführungsopfer passte problemlos in das Tüteninnere. Ein Griff, ein Sprung zur Seite, die Zwillinge hinter mir als Stolperfalle für Verfolger gegeneinander geschubst, verbunden mit einem schnellen geduckten Verschwinden im Gewirr der Besucher – die Suche nach dem zu uns passenden Hund hätte ein ultimatives Ende!
Das jähe reale Ende dieser kriminellen Kurzschlussplanung bereitete die lebhafte wie angenehme Stimme, die die Kinder adressierte, ob der Hund ihnen gefallen würde – man meinte IHN. Das vor uns sitzende und gedanklich schon im Tüteninneren befindliche Prachtstück quittierte die Ansprache in Form einer ersten richtigen körperlichen Regung – mit einem kräftigen Rutewedeln. Das war also das Frauchen, mit der sich sogleich ein nettes Gespräch entwickelte. Die Tüte in meiner rechten Hand blieb ob der sympathischen Art der jungen Dame mit sportlichem blondem Lockenkopf leer. Auf dem Namensschild versuchte ich, den kleinen Schriftzug zu entziffern, schaffte aber nur den Doktortitel und den Vornamen. Wir erfuhren von der vermutlichen Tierärztin alles über Dackel in einer so engagiert vorgetragenen Form, dass selbst die Kinder das Spielen mit dem Messegangblockierer vergaßen und aufmerksam zuhörten. Lediglich der Jagdscheinhinweis blieb aus, aber das störte bei der Flut von kompetenten Informationen nur unwesentlich. Die Züchterfrage wurde prompt mit einem Fingerzeig auf einen mit dem Rücken zu uns stehenden Herren quittiert. Welch ein Glück, er war auf dem Stand greifbar anwesend, ohne Hülsenfrüchte in seiner Nähe. Als ich mein „Ziel“ ansteuerte, drehte sich dieses behutsam um. Ich blickte in ein vertrauenswürdiges, markantes Gesicht mit freundlichen blauen Augen, welches zu einem schlanken, hochgewachsenen, in Tweed gehüllten „Gentlemen“ von Scheitel bis zur Sohle gehörte. Meine entgegengestreckte Hand zum Gruß wurde mit einem kräftigen Handschlag bestätigt. Unauffällig vollzog mein Gegenüber dabei eine „Kopf bis Fuß-Musterung“ meiner Person, die dazu führte, dass er mich zwar weiterhin freundlich, aber dennoch irgendwie gefühlt reserviert behandelte. Etwas verunsichert wurde mir erst jetzt bewusst, wie wir hier auf der Messe auftraten. Eine vierköpfige Familie in höchst legerem Wochenend-Freizeit-Outfit, also vergleichbar mit: „Ich komme in kurzer Hose zu einer Abendgesellschaft“; alles andere als der Situation angemessen.

Egal, jetzt ging es um Alles, ich schilderte mit fester Stimme unser grundsätzliches Begehren nach der Kontaktaufnahme zu einem Züchter, der solch prächtige Exemplare wie den Messegangblockierer züchtet. Es folgten einige freundliche, sehr kompetente Hinweise, weitere zweckdienliche Tipps und auch die Bestätigung, dass mein vermeintliches Entführungsopfer der Onkel eines im kommenden Frühjahr geplanten Wurfes sei. Wie wunderbar, ein Volltreffer, ein Wurf mit SEINEN Genen. Die Freundlichkeitssequenz hielt zwar konstant an, aber es fehlte an der Bereitschaft einer direkten Zusage, auf die ich eigentlich gehofft hatte. Hier begannen die Felle gerade nicht nur zu schwimmen, sie waren schon am Untertauchen, zumal sich neben mir ein neuer Gesprächsinteressent aufbaute, um meinen Gesprächspartner für sich zu beanspruchen. Mit dem wenig Hoffnung machenden Hinweis „Melden Sie sich doch einfach im Frühjahr", wurden wir kurz verabschiedet. Das war es also, das war gar nicht nach Wunsch verlaufen, das war eine Katastrophe.
Ein letzter Blick auf das immer noch auf dem Gang sitzende Prachtstück, verbesserte unsere Stimmung nicht wirklich, auch wenn ER immer noch zutiefst beeindruckend aussah. Wir verließen die Messe mit einem bedrückenden Hülsenfrüchtegefühl in der Magengegend.
Während des gemeinsamen Abendessens konnten wir nur feststellen: Wir hatten einen Fehler gemacht. Da taucht eine Stadt-Familie aus dem Nirgendwo auf, ist völlig unbekannt, sieht auf den ersten und zweiten Blick nicht nach Hundesachverstand aus, sucht vielleicht nur ein repräsentatives vierbeiniges Prestigeobjekt und erdreistet sich dann noch, ein „Dior-Kleid auf vier Beinen" für eine Wanderung anschaffen zu wollen. Meine Vorstellung bei dem Gentleman war einfach höchst naiv gewesen!
Nein, ein neuer Anlauf musste jetzt her. Wir fassten gemeinschaftlich den Plan, uns nicht von unserem Messegangblockierer abbringen zu lassen. Der Gentlemen musste, egal wie, überzeugt werden. Wir hatten unsere Wahl in stillschweigender Zustimmung getroffen, ein Dackel konnte es nur sein – Punktum, basta. Und dieser Entschluss war ja schließlich auch schon etwas, nach der langen Suche – eigentlich ein „epochales", strohvermeidendes Ergebnis.

Dackelfreunde beachten bitte: Hülsenfrüchte können den Informationsfluss behindern, Dackel auf Messegängen sind beeindruckende Publikums-Magneten, Diebstahl von Hunden wird nach § 249 ff StGB geahndet. Man sollte in jeder Lebenslage bedenken, wie man sich kleidet.

Wir haben einen Züchter, aber noch keinen Hund

Reden wichtiger Menschen werden oftmals von Redenschreibern in minutiöser Kleinarbeit ausgearbeitet. Legt dieser wichtige Mensch dann noch Wert auf einen besonders wirksamen Auftritt, muss die Rede entsprechend eingeübt werden. So soll der Erfolg optimal gewährleistet werden.

Wir hingegen, meine Gattin und ich, saßen als nicht wichtige Menschen zwischen einem Berg von zusammengeknülltem Papier nebeneinander am Schreibtisch. Die Intention unseres engen Beisammenseins war, keine komplette Rede vorzubereiten, sondern die richtigen Sätze für das bevorstehende Telefonat mit unserem vermeintlichen Züchter Buchstabe für Buchstabe und Wort für Wort wie Zahnräder optimal zusammenzufügen. Der zündenden Idee fehlte es aber an einem Funken bzw. an Zähnen, wir brachten nichts Vernünftiges zusammen. Somit beendeten wir resigniert das traute Zusammensitzen sowie das Opfern weiterer Bäume. Unser Telefonat würde ohne schriftliche Vorlage auskommen müssen.

An einem Samstag wagten wir einfach den Sprung ins kalte Wasser. Auf den Startblock, Zähne zusammenbeißen, selbstgesetzter Startschuss und mit einem kräftigen Sprung los. Geringfügig zittrig vor Aufregung wählte ich die Telefonnummer, die im fernen Seelow östlich von unserer Bundeshauptstadt zu einem Klingeln führen sollte. Es klingelte aber nicht am anderen Ende, sondern es tutete. Dass es tutete, half aber auch nicht weiter, denn niemand nahm den Hörer ab. So tuteten wir uns zu unterschiedlichsten Zeiten durch die nächste Woche – immer ohne ersehnten Erfolg. Wir tuteten vom Handy und vom Festnetz. Wir tuteten mittags und wir tuteten abends. Eigentlich tutete es nur noch. Die zur Kontrolle bemühte freundliche Damenstimme der Telefonauskunft, hier hatte es abwechslungsweise nur kurz geklingelt, wie auch eine Adressrecherche inklusive Telefonnummer im Internet bestätigten beruhigenderweise die Richtigkeit des gewählten Anschlusses. Trotzdem, es blieb nur bei dem gleichmäßigen Getute.

Dann – uns in den Abendstunden erlösend – meldete sich mit sehr lebhafter Stimme die „Lady" des auf der Messe angetroffenen „Gentlemen". Mit Einleitung, Hauptteil, Abschlussformel spulte ich eine intensive Vorstellung unserer Lebensumstände nebst Familienportrait ab, alles ganz ohne Redenschreiber. Als Reaktion wurde uns bestätigt, dass tatsächlich ein weiterer Wurf geplant sei, wir gerne grundsätzlich berücksichtigt werden könnten, aber doch bitte nicht der zweite vor dem ersten Schritt getan werden sollte. Voraussichtlich wäre ein Wurftermin im kommenden Frühjahr möglich. Wir sollten uns dann bitte noch einmal melden. Grundsätzlich würden wir aber bereits jetzt verbindlich vorgemerkt. Sie hatte wirklich verbindlich gesagt! Nach einer netten Verabschiedung brach umgehend Jubel aus. Wir waren vorgemerkt, wir hatten einen Züchter, wir hatten eine Zusage, wir hatten einen fiktiven Hund. Also hieß es jetzt gespannt Warten und ganz fest Daumendrücken. Die Kinder konnten zu Weihnachten kaum ihre Geschenke öffnen, so sehr wurden die Daumen gedrückt.

Wer schon einmal miterlebt hat, was es bedeutet, einen Hundewurf zu betreuen, der kennt die Thematik Zeitmangel. Die Welpen bedürfen umfassender Betreuung und Aufmerksamkeit. Analog zu den Zweibeinern ist das eine 24-Stunden-Aufgabe, bei der man die Nacht auch noch dazunehmen muss. So lag es uns fern, gleich schon im Januar via gewohnten monotonem Getute unseren Wunsch erneut vorzutragen bzw. Gewissheit zu erlangen, ob die Dackelmutter Ronja auch ihren Teil zur Wunscherfüllung beitrug. Sie tat uns den Gefallen, die Brave. Wieder per Telekommunikation, diesmal ohne Tuten, denn wir wurden angerufen und bei uns klingelt es, erfuhren wir aus Seelow den Wurftermin. Mitte März wäre als Termin nach Aussage der betreuenden Tierärztin absolut realistisch. Also mussten während des Frühjahrs die Daumen ohne Unterbrechung weiter fest gedrückt werden. Glücklicherweise gibt es im Frühjahr keine Geschenke.
Es war meine aufmerksame Schwiegermutter, die die ganzheitliche Nutzung der Hände inklusive Daumen unserer Kinder wieder ermöglichte. Sie hatte auf der Internetseite des Zwingers einen ansehnlichen in sich verschlungenen Haufen junger Dackel Welpen entdeckt – Geburtsdatum 21. März.
Wir tuteten am selben Tag los. Frau Lüdemann, die Lady, bestätigte das frohe Ereignis mit beschwingter Stimme, verbunden mit einer Einladung, nach den Osterfeiertagen ins ferne Seelow zu kommen. Damit hatten wir also abschließend einen Züchter, einen echten Welpen und einen ersten Kontaktbesuch gesichert. Jeden Tag mussten wir fortan die gleichlautenden Fragen der Kinder ertragen, wann es denn endlich losgehen würde, wann wir denn endlich die Dackelwelpen sehen würden. Dogge und „Sonstewasmitvierbeinen" waren nie wieder Thema.

Dackelfreunde beachten bitte: Ungeachtet ob Telefontuten oder Telefonklingeln, bleiben Sie beharrlich – es lohnt sich! Das feste Daumendrücken behindert zwar unglaublich im täglichen Allerlei – lohnt sich aber nicht minder. Man muss eben daran glauben!

Ohne Namen und ohne Geschlecht geht nix

Vor der Kür steht die Pflicht. Zwei Pflichten in puncto Hund waren im Familienrat noch nicht abschließend geklärt. Es war sicherlich eine Art der bewussten Verzögerungstaktik oder einfach nur der Umstand, keine unumstößlichen Entscheidungen treffen zu wollen. Vor dem Hintergrund, dass die Auswahl der Rasse schon nicht einfach gewesen war, schlichen wir alle um den heißen Neuentscheidungsbrei herum. Die noch fehlenden Breizutaten bestanden aus der Wahl des Namens und aus der Wahl des Geschlechts.

So manche zu lang geschaltete Ampelrotphase offenbart in Form von Aufklebern die Vielzahl an Namenskreationen für Kinder auf der Heckscheibe des vor einem wartenden Fahrzeuges. Wurde dieser Platz früher mehrheitlich für politische Sinn- oder Unsinnsprüche genutzt oder auch variantenreiche Urlaubsziele von nah und fern verewigt, trägt man heute, bzw. klebt man heute vorrangig Kind. Hundenamen sind dabei hingegen seltener zu bestaunen. Ich verfalle bei den dargebotenen Buchstabenverbindungen regelmäßig in eine Form der ohnmächtigen Sprachlosigkeit, bei dem Gedanken, wie man sich wohl fühlen muss, eine solche dort aufgeklebte Wortschöpfung sein ganzes Leben vor sich her tragen zu müssen. Zugegeben, meinen Anteil an derartigen Fehltritten habe ich mit der bereits erwähnten Namensgebung bei meinem ersten Hund mit der Kreation Blacky selber erfüllt. Das musste diesmal folglich besser werden, aus Fehlern soll man schließlich lernen. Auf gar keinen Fall durfte Muster Autoheckscheibe eintreten. Eine klare Vorgabe zur Vermeidung.
Der Namensbrei wurde von uns mittels aller erdenklichen Methoden zu vereinheitlichen versucht. Zettel mit Vorschlägen wurden beschrieben, gemischt, dann unter schärfsten Auflagen und Kontrollen gezogen und ausgewertet. Hundenamen, die schon einmal im Kreis der Großfamilie vergeben worden waren, wurden aufgelistet und kritisch begutachtet. Natürlich wurde auch das Internet zur Hilfe genommen. Alle Versuche scheiterten, es herrschte offenkundiger Dissens, es waren immer vier unterschiedliche Ergebnisse ohne den Ansatz von Ähnlichkeit. Der zähe innerfamiliäre demokratische Prozess verzögerte auch hier eine notwendige Lösung.

Ein für alle mit einer wirksamen Stimme ausgestatteten Beteiligten akzeptierter Name ist der guten, alten, schmackhaften Solanum tuberosum, oder besser auf Deutsch, der Kartoffel zu verdanken. Jeweils ein solches Exemplar im geernteten

Zustand trugen die Kinder vor dem Neujahrswechsel vor Erhalt unseres Welpen, verstohlen um sich sichernd, in ihren Jackentaschen. Sie glaubten bis zum Schluss an einen Schabernack ihres Vaters, also mir, der den Transport der Knollenfrucht ohne vorherige Abstimmung angeordnet hatte. Als wir am Grab von Friedrich dem Großen vor dem Schloss Sanssouci in Potsdam standen und sich dort bereits weitere Erdäpfel befanden, war der Grund des Knollentransports entschlüsselt. Noch fasziniert von dem Kartoffelhaufen auf der Grabplatte des preußischen Königs, schwebte plötzlich dessen Name unter freiem Himmel. Jeder murmelte ihn vor sich her, er war gut auszusprechen – kurz und gut. Unliebsame Freunde oder Bekannte mit Namensgleichheit waren nach einer Schnellprüfung nicht vorhanden. Unter uns Spaziergängern im Park von Sanssouci bestand unvermittelt traute Einigkeit. FRITZ passt zu einem Dackel, DER GROSSE müsste er sich verdienen, zumal Dackelläufe anatomisch jedenfalls dagegen sprechen würden. Brei eins war damit dank einer Knollenfrucht, zum Glück keiner Hülsenfrucht, sowie dank des „alten Fritz“ geklärt.

Leider aber doch noch nicht ganz, denn der deutsche Formalismus gilt auch für jeden gewöhnlichen Dackel. Entscheidet man sich für einen Vierbeiner aus dem Tierheim oder einer ähnlichen Institution, benötigt man vorrangig eine Namenswahl bzw. übernimmt die vorhandene. Entscheidet man sich hingegen für einen Hund mit höchst amtlichen Dokumenten, also alles was so Hund ausmacht, offiziell bestätigt und mit Stammbaum versehen, geht der Brei noch einmal von vorne los. Die Würfe der jeweiligen Züchter werden nach dem Alphabet geführt. Unser Wurf würde bereits bei einem W anlangen, daher musste noch ein Name mit W gefunden werden. Writz war zu dicht an Heckscheibe. Die Damen verabschiedeten sich sehr zügig aus dem neuen Namens-Karussell. Mir war Fritz auch völlig ausreichend. So entschied sich der durch den schulischen Geschichtsunterricht für jegliche Götter begeisterte Philipp für den martialischen germanischen Wotan. Das war jedenfalls nichts, was wir auf einer Heckscheibe präsentieren könnten, ohne die Aufmerksamkeit der patrouillierenden Ordnungshüter auf uns zu ziehen. Im Stammbaum würde es niemandem auffallen. „Wotan aus dem Oderbruch“ war somit für die Papiere auch beschlossene Sache, diesmal ohne echte Demokratie, vielleicht, weil Götter im Spiel waren.

Die Wahl des Geschlechts gingen wir zunächst rein akademisch an. Nach Studium der Hunde-Literatur, also der ungeknickten Ausgaben, und einschlägigen Meinungen von fachkundigen Rüdefrauen- und -männern haben wir herausge-

lesen, dass jedes Geschlecht über jeweilige Vorteile verfügt. Also bitte, einfaches Vorgehen, Vorteile abgleichen und Wahl treffen.
Akademisch nutzte nur bedauerlicherweise gar nichts, denn unsere Listen waren ziemlich ausgewogen. Damit standen wir wieder vor einer Pattsituation. Zu diesem Zeitpunkt wollte dann aber keiner mehr Demokratie. Keiner wollte mehr wählen, wir wollten nur noch unseren Dackel.
Somit überließen wir die Frage dem Zufall der Zusammensetzung des Wurfes. In unserem Fall gab es einen Damenüberhang, die auch besonders stark nachgefragt waren. Wir wählten daher zwischen den vorhandenen drei Rüden.
Unser Brei bestand somit aus 1 Teil Fritz, 1 Teil Wotan und 1 Teil Rüde – Alles bitte schön gleichmäßig umrühren!

Dackelfreunde beachten bitte: Ob Idefix oder Lassie, Rantanplan oder Struppi, Namen haben zwar ein Leben lang Bestand, aber Dackel selber interessiert das nicht. Und ob Weiblein oder Männlein, solange keine Spezialverwendung vonnöten ist, einfach dem Herzen folgen.

Die Qual der Wahl – oder: Welches Hunderl hätten's denn gern?

In einem bekannten Fernsehquiz der grauen Vorzeit wurden die Teilnehmer von dem Moderator Robert Lembke immer mit den Worten begrüßt – welches Schweinderl – gemeint war ein Sparschwein, hätten's denn gerne? Auf uns übertragen stand der Tag X unter dem Motto: Welches Hunderl hätten's denn gern? Mit dieser Vorgabe an Bord glitt unser Volvo aus den sich zu Ende neigenden Osterferien gen Brandenburg. Den Innenraum füllte bis zum letzten gefahrenen Kilometer eine knisternde Spannung, was uns denn erwarten würde.

Auf dem idyllisch ländlich gelegenen Anwesen der Familie Lüdemann empfing uns beim Aussteigen die gesättigte Frühlingsluft, die herzliche Begrüßung unserer Züchter sowie aus den nahegelegenen sauber aneinander gereihten Zwingern unterschiedliches Teckel-Geläut.

Zunächst betraten wir das geschmackvoll eingerichtete Wohnzimmer, um uns nach kurzem Verweilen in den Wohnkeller zu begeben. Die von den Welpen leicht zerzauste Hundemutter begleitetet uns dabei bis zu der mit kniehohen Holzgittern umgebenen Welpenunterkunft. Der hier befindliche, anfänglich bewegungslose Haufen aus schwarzbraunem, seidig glänzendem Fell, kam bei unserer Annäherung in geschäftige Bewegung. Unsere Kinder waren ob dieses Anblicks sofort hellauf begeistert. Jeder der beiden erhielt einen zufällig gegriffenen Welpen auf den Arm. Wenig später wurde das Holzgitter zur Freude aller geöffnet. Sitzender Weise waren unsere Zwillinge von rauf- und spielfreudigen Steifftieren umlagert. Das Bild, wie üblich bei Welpen, war beinahe hypnotisierend. So viele Dackelblicke in geballter Form – einfach unwiderstehlich.

Ich beugte umgehend der zu erwartenden Frage vor. Natürlich nehmen wir „alle". Aber tatsächlich würde eine Auswahl sehr schwer fallen. Die Gattin und Phillip waren unentschlossen. Katharina hingegen hatte ihr Herz an ein besonders zierliches Dackelfräulein verloren. Selbige schlief nach einigen Liebkosungen ein, atmete dabei tief und gleichmäßig und wurde für die verbleibende Stunde nicht mehr aus dem Arm gegeben. Philipp hingegen befand sich in einem regelrechten Belagerungszustand. Er konnte die ganze Zeit nach Herzenslust mit der ihn umgebenden Meute spielen. Mir war, zwischen all dem hin und her und rüber und runter ein wahrer „Brocken" ins Auge gefallen, sehr kräftig, mit einem großen Kopf. Aus bisheriger Demokratieerfahrung, hielt ich mit meinem Favoriten zunächst hinter dem Berg. Nach dieser Hundestunde kam der lange erwartete Augenblick. Wir mussten Farbe bzw. Welpen bekennen. Gattin und Philipp blieben

dabei, wir nehmen alle. Ich hob meinen favorisierten Brocken auf den Arm, um dabei zu entdecken, dass er einen kleinen weißen Bracken-Strich auf der Brust trug. Das war also meine Wahl. Katharina blieb bei ihrem Dackelfräulein. Eine Sofortentscheidung war somit erst einmal ausgeschlossen.
Bevor wir ins Wohnzimmer wechselten, ließen wir den Wurf sich wieder zu einem Haufen zusammentürmen. Bei einer großen Kaffeetafel stimmten wir die weiteren Modalitäten ab. Wir erhielten für den Brocken mit Bracken-Strich die freundliche Zusage begleitet von unzähligen Tipps und nützlichen Ratschlägen zur Vorbereitung auf die Übernahme unseres Hundes.
Katharina und Phillipp waren davon ausgegangen, dass wir schon einen der kleinen Kerlchen sofort mitnehmen würden. Entsprechend machte sich beim Abschied eine gewisse Enttäuschung breit. Sie erklärten sich einstimmig bereit, die Schullaufbahn temporär zu unterbrechen, um für die verbleibenden Wochen hierzubleiben. Der Vorschlag wurde jedoch unsererseits unmissverständlich verworfen.
Nachdem wir den Ortsrand vom gastlichen Seelow passiert hatten, machten wir an einem Feldrand halt. Die ganze angestaute Freude über den prachtvollen Welpen musste jetzt raus. Sie entlud sich in einem gemeinsamen Familienhüpfen, dass glücklicherweise niemand beobachtete. Nur Katharinas Hüpfen hielt sich im Rahmen. Bei der Weiterfahrt wandelte sich das Volvo-Innere in einen Sitzungsraum für Koalitionsverhandlungen. Der unnachgiebige Aufstand einer Hinterbänklerin kündigte sich an. Katharina bereitete ihren Redebeitrag dabei sehr geschickt vor. Sie bewertete eine zierliche Hundegröße als besser zu handhaben, ergänzte, dass Weibchen ohnehin viel anhänglicher wären, womit ihre Wahl die einzig plausible sei. Weitere Vorteile wurden erörtert, um zu begründen, dass ihre Wahl nicht nur plausibel, sondern die beste sei. Die Suche nach einem Koalitionspartner scheiterte trotz intensiver Bemühungen. Niemand stimmte ihrem Vorschlag zu. Die anderen beiden Parteien blieben zwar verhandlungsoffen, waren mit dem Brocken aber grundsätzlich sehr zufrieden. Die Hinterbänklerin blieb unbeirrt bei ihrer Wahl und diskutierte beharrlich weiter. Als ultima ratio wurde eine Abstimmung beschlossen. Das Ergebnis war, wie nicht anders zu erwarten, ein drei zu eins. Nach zehnminütiger Unterbrechung, quasi eine Sitzungspause der Koalitionsverhandlungen, wurde die Form der Abstimmung angezweifelt. Eigentlich sei der Hund ja für die Kinder gedacht, daher müssten doch auch nur diese abstimmen. Ich enthielt mich ganz diplomatisch durch schwärmerische Bemerkungen über den ganzen Wurf, dachte aber die ganze Zeit an den kleinen Brocken. Nach weiteren Stunden des politischen Tak-

tierens unserer Tochter beschlossen wir ein salomonisches Urteil. Wir würden bei den Züchtern Lüdemann auf der Stelle per Handy anfragen, ob das Fräulein denn noch verfügbar wäre. Sollte dies der Fall sein, würden wir nochmals abstimmen, ansonsten würden wir bei dem Brocken mit Strich bleiben. Wir hörten nur ein halbes Tuten, schon waren die Lüdemänner am Hörer. Das Fräulein sei bereits vergeben – gute Weiterfahrt.

Nach dem demokratischen Verständnis fast aller Fahrzeuginsassen, war somit die absolut letzte, unumstößliche Entscheidung getroffen. Kurz bevor wir die Landesgrenze von Niedersachsen erreichten, der Volvo stöhnte über die Magdeburger Böhrde, unterbreitete Katharina den Vorschlag, doch das Fräulein den anderen Interessenten abzukaufen... Unser aller Reaktion war ein lautes Aufstöhnen, welches sogar den Volvo-Motor übertönte.

Es blieb beim Brocken mit Strich, wir hatten somit Züchter und Hund und haben diese Entscheidung bis zum heutigen Tage nie bereut. Selbst Katharina hat sich „arrangiert", bzw. das Dackelfräulein war nicht wieder Thema.

Dackelfreunde beachten bitte: Ein Sparschwein auszusuchen ist keine Kunst. Aus einem Haufen Dackelwelpen den Passenden herauszufinden ist ein wesentlich schwierigeres Unterfangen. Wenn man über genug Platz verfügt, einfach den ganzen Wurf nehmen. Und Koalitionsverhandlungen können doof sein.

Ohne Führerschein keine Dackelfreuden

Ich habe meine Führerscheinprüfung zu einer Zeit bestanden, als das durchschnittliche Kraftfahrzeug noch eine Motorisierung unter 100 PS hatte, in jede Parkbucht eines Parkhauses passte und der fahrbare Untersatz noch nicht mit dem Fahrer gesprochen bzw. vorgegeben hat, was er zu tun hätte. Deshalb freue ich mich jedes Mal, wenn in der Tageszeitung aktuelle Führerscheinfragen zum Selbsttest auftauchen. Ein angenehmes Korrektiv, um die eigene fahrerische Selbstsicherheit zu erden. Manches Mal sieht das Ergebnis der Selbstüberprüfung nämlich gar nicht so positiv aus.

Einen Führerschein für jegliche Hunderassen einzuführen, hielt ich hingegen für absolut überflüssig. Selbigen gibt es schon nicht für Zweibeiner, wo er nach meiner Einschätzung ungleich wichtiger wäre, weshalb also diesen Aufwand für Vierbeiner? Nun ist dieser Schein, beruhend auf praktischer und theoretischer Prüfung, in Niedersachsen eine notwendige Voraussetzung für die legale Anschaffung eines Hundes. Die möglichen Ausnahmen einer Umgehung betrafen uns nicht, wir mussten dieses amtliche Dokument mittels Prüfung bestehen, ganz ungeachtet, ob nun als sinnvoll erachtet oder nicht.
Ich finde, es gibt Lebensabschnitte, die sind für Prüfungen gemacht. Dann wiederum gibt es Lebensabschnitte, da sollte es mit derartigen Prüfungen auch gut sein. Nach meinem Ermessen befand ich mich in der Auch-gut-sein-Lebensphase. Innerfamiliär kam aber leider nur ich als zahlender und damit de jure zukünftiger Hundeeigentümer in Betracht, mich der Prüfung zu stellen. Zugegebenerweise wurde ich einfach dazu bestimmt. Dem Nachwuchs vermittelte ich dabei aus pädagogischen Gründen, aber auch um meine Rudelposition zu behaupten – alles kein Problem, das macht der Papa mit Links. Bis, ja bis ich die Fragen auf einschlägigen Internetseiten etwas näher betrachtet hatte. Das mit Links war jedenfalls nicht ganz so durchführbar. Einige Bereiche waren mir in der Tiefe so gar nicht bekannt. Wenigstens erschienen andere Inhalte, die ich in den Prüfungsbögen entdeckte, als sehr interessant und tatsächlich zweckdienlich. Wie bei den Führerscheinfragen der Tageszeitung sei jedem begeisterten Hundefreund die Prüfung oder wenigstens die Fragen zur reinen Wissenserweiterung zum Umgang mit dem eigenen Hund empfohlen. Sinnvoll ist es in jedem Falle.
Ich musste jedenfalls entsprechend büffeln. Das geschah ausschließlich heimlich, um den gewünschten Schein der Überlegenheit als Familienoberhaupt zu wahren. Beim Einkaufen, während diverser Autofahrten oder in den Abendstunden

hinter einem Kriminalroman versteckt, wurde das notwendige Wissen den halbgrauen Gehirnzellen zugeführt.
Als Prüferin hatte ich aus einer langen Liste unsere zukünftige Tierärztin auserkoren, die mir freundlicherweise einen Samstagvormittagstermin für die Prüfung eingeräumt hatte. Während glückliche Menschen also den Bäcker aufsuchten, um sich mit prall gefüllten Brötchentüten für bevorstehende Frühstücksfreuden zu wappnen, begab ich mich in die Praxis von Frau Professor Dr. Meyer. An einem kleinen Schreibtisch stand das Laptop bereits geöffnet bereit, ergänzt durch einen Block und Stift. Mit beruhigenden Worten fütterte meine Examinatorin die entsprechende Prüfungsseite mit Daten. Nach wenigen Sekunden konnte es also losgehen.
Multiple-Choice-Frage nach Multiple-Choice-Frage, Themenfeld für Themenfeld arbeitete ich ab. Das unbeeinflussbare elektronisch erfasste Ergebnis spukte der Rechner in Form der Bestätigung mit „Teil Eins bestanden“ aus.
Mit dem auf A4 ausgedruckten Führerschein Erster Teil in der Tasche, war es jetzt an der Zeit, auch Brötchen zu beschaffen. Mit noch warmer Papiertüte und dem Zeugnis weckte ich die Familie. Die Gattin freute sich über das Dokument, die Kinder über die Nahrung. Einer Hundeanschaffung bis zum Prüfungsteil Zwei stand nichts mehr im Wege.

Dackelfreunde beachten bitte: Sprechende Autos und Hundeführerscheine, so unterschiedlich sie auch sind, haben ihre Berechtigung und man lernt nie aus, auch nicht beim Dackel.

Unser drittes Kind hat Fell – oder: Fritz kommt nach Hause

Als wir unsere Zwillinge gegen jedes Wetter und andere Außenwirkung geschützt vom Krankenhaus in ihre neue Behausung transportiert hatten, war dies eher mit der Rückkehr von einem Großeinkauf vergleichbar gewesen. Schwer beladen hatten wir die Haustür durchschritten, Sack und Pack im Flur gelagert und die beiden Kindertragetaschen auf dem Bett im Schlafzimmer platziert. Käse, Wurst, Butter oder Joghurt hatten einen festen Platz im Kühlschrank. Was wir mit den beiden neuen Erdenbürgern anfangen sollten, schien erst einmal unklar. Im Kühlschrank war jedenfalls kein Platz mehr vorhanden. Unser altes Leben war vorbei, es begann ein neues Leben, das wir auch heute noch so leben.

Um unser drittes Kind mit Fell in sein neues Heim zu holen, fuhren wir Ende Mai erneut gen Seelow. Die Welpen hatten ihre elfte Woche erreicht. Alle Besitzer waren eingeladen worden, die neuen vierbeinigen Familienmitglieder in Empfang zu nehmen. Erneut wurden wir sehr herzlich begrüßt, wurden fürstlich vom Grill bewirtet, während die Kinder mit den noch vorhandenen Welpen im Garten herumtollen konnten. Der ganze Wurf hatte sich prächtig entwickelt, es war eine sehr ansehnliche Schar kräftiger Welpen. Die spitzen Zähne wurden ausgiebig an Garderobe und Haut von Katharina und Philipp getestet.

Als wir uns zur Abfahrt bereit machten, hatten wir zwei angeknabberte, verschrammte und gehörig mit würzigem Hundegeruch versehene Kinder im Auto. Und – ja, wir hatten UNSEREN Dackel mit an Bord. Dieser lag sichtlich verunsichert bewegungslos zwischen unserem Nachwuchs auf der Rückbank. Nur seine großen Augen scannten alles um ihn herum sehr aufmerksam ab. Als der Volvo-Motor auf der Autobahn äußerste Kraft erreichte, rollte er sich dicht an die Oberschenkel der Kinder gedrückt zusammen. Mit zunehmender Tiefschlafphase rollierte er auf den Rücken. Alle kurzen Beine zeigten einheitlich mit den noch viel zu großen, lässig abgeknickten Pfoten gen Himmel. Durch einige von LKW hervorgerufene Turbulenzen wurde der Schlaf beendet. Herzlich Willkommen im echten Leben auf der Autobahn. Jetzt war plötzlich das Ersatzmuttertier gefragt. Man wollte unbedingt auf den Beifahrersitz. Das wurde unter großzügiger Auslegung der Straßenverkehrsordnung unverzüglich gestattet. Es war ja schließlich eine Form von Notstand eingetreten. Der große Kopf bohrte sich in den warmen Wollärmel der Gattin. Es war nichts mehr zu sehen, es war warm, es roch gut. Der Rest des noch kurzen Körpers verteilte sich auf dem Schoß. Nur mit einer Unterbrechung beendete Fritz in dieser Position seinen ersten Tiertransport. Heute, wenn es irgendwelche Irritationen gibt oder sehr große Müdigkeit erarbeitet wurde, wird diese Position regelmäßig einnommen. Prägung ist eben alles. Dass der ausgewachsene Kopf nicht mehr in jeden Ärmel passt bzw. die ausgewachsene „Hot Dog"-Körperlänge zu gehörigen Überhängen führt, wird einfach ignoriert. Natürlich trägt der Mitreisende heute auch den vorgeschriebenen Sicherungsgurt.

Zu Hause angekommen ereilte uns das bereits geschilderte Zwillingsbaby-Gefühl. Da ist er – und jetzt? Das Jetzt bestand daher aus einer langsamen Erkundung des neuen Lebensraumes immer gefolgt vom ganzen Rudel. Stubenreinheit wurde zügig in den folgenden Wochen hergestellt, zugewiesene Spielplätze oder Aufenthaltsorte akzeptiert. Eine wirklich harte Probe war jedoch das Verbot, die Schlafstätte des Rudelführers nebst Rudelführerin in Besitz nehmen zu dürfen. Die ersten Tage schlief ich, entgegen meiner Vorsätze das Maß an Vermenschlichung eines Hundes so niedrig wie möglich zu halten, IMMER schlecht ein. Denn in einem mit Decken ausgepolsterten Körbchen sollte Fritz neben meinem Bett die Nächte verbringen. Das schlechte Schlafen lag jedoch nicht an dem in ausgestreckter Form zur Verfügung gestellten Arm im Körbchen, der regelmäßig Muskelverspannungen unterlag. Es lag auch nicht an der damit verbundenen Bewegungsunfähigkeit, wenn man sich über diesen Arm legte. Nein, es lag wieder an dem Dackelattribut Nummer Eins, den großen Augen. Diese waren selbst bei mondloser Nacht gut sichtbar immer direkt auf mich gerichtet. Mit der unmissverständlichen Aufforderung: Lass mich zu Dir. Das schlaue Kerlchen verstand aber sehr schnell. Die provisorische Schlafstätte war bald unregelmäßig leer. In den Morgenstunden wurden wir Rutewedelnd nach dem Weckerklingeln im Schlafzimmer begrüßt. Ohne es zunächst näher zu prüfen, wo die Nacht verschlafen wurde, gingen wir davon aus, dass man der Ruhe im eigenen echten Körbchen den Vorzug gab.
Mit nicht minder großen Augen bestätigten unsere Zwillinge die Freude, dass Fritz sich so schnell an sein Körbchen gewöhnt hätte – Dackel wissen, was sie tun. Diese Bestätigung wurde jedoch viel zu intensiv, viel zu offensichtlich von unserem Nachwuchs vorgetragen … So, wie der Mathetest gar kein Problem ist oder die Französischvokabeln alle gelernt sind. Nachtigall, ick hör Dir trapsen. Es waren aber nicht Nachtigallen, die über unseren langen Flur tapsten, sondern lautlose indianergleiche Kinderfüße. Kurzes Wispern mit dem Namen unseres neuen Familienmitgliedes, das natürlich sofort reagierte, meinen Arm freigab

und den Nicht-Nachtigallen folgte. Aus pädagogischen Gründen hätte ich folgen müssen, um den Spuk zu beenden. Pädagogisch für den Hund, sich jetzt nicht in der Nachwuchsbettstatt einzufinden, pädagogisch gegenüber den Nicht-Nachtigallen, das Körbchen-Programm so zu unterlaufen.
Die am nächsten Tag unter vier Augen geführte Diskussion mit der Gattin ergab die unpädagogische Duldung. Wir ließen es geschehen. Fritz fügte sich wunderbar in seine neue Umgebung ein. Ob nun medizinisch bewiesen oder nicht, seit die unbefellten und befellten Familienmitglieder in trauter Gemeinsamkeit zusammen schlafen, haben wir keine grippalen Infekte oder ähnliches mehr zu verzeichnen. Dackel härtet scheinbar ab. Das wiederum führt zu pädagogisch wertvollen gegen Null tendierenden Fehlstunden in der Schule.

Dackelfreunde beachten bitte: Ein Hund im Haus verändert tatsächlich jegliche Lebensabläufe. Aber diese Tatsache ist einfach wunderbar und Dackel gehen nur dann ins Bett, wenn sie pädagogische Schwächen wittern – seien diese stark oder auch nicht.

Dackelwelpenbetreuung im Büro

Wie anstrengend hatten es doch unsere in Fell gekleideten Vorfahren, als sie zum täglichen Nahrungserwerb in Gruppen zusammengerottet ihre Höhlen verlassen mussten. Dabei war nicht einmal die Beute durch ihr Tun gesichert, denn nur der erfahrene Jäger machte seine Sippe glücklich und satt.

Zwar verlässt man heute immer noch seine mittlerweile komfortabel mit Licht und Heizung versehene Höhle. Aber in der Bürohö(h)lle ist das Ausharren doch sehr viel erträglicher als dazumal. Einziger Vorteil, den diese unsere Vorfahren hatten: Sie brauchten ihren Disziplinarvorgesetzen nicht zu fragen, ob ein Hund an der Arbeitsstätte erwünscht bzw. geduldet sei. Sie konnten ihn einfach mitnehmen. Da nicht jeder Hundeliebhaber einen Beruf mit Hund, wie zum Beispiel Förster, Landwirt oder Berufsjäger ausüben kann, schließlich brauchen wir ja auch noch Fachkräfte an der Wurst- und Käsetheke zur Nahrungssicherung, ist diese Tatsache bei der Anschaffung eines Vierbeiners unbedingt zu bedenken. Wo verbleibt das neue Familienmitglied während des Tages? Die Frau, bei der ich wohne, sichert ihren Teil der Beeren- und Wurzelsuche in einem Ministerium. Hunde sind dort grundsätzlich nicht vorgesehen. Unser Nachwuchs drückt die Schulbank. Schulen wollen keine Kinder mit Hundebegleitung. In dem Unternehmen, bei dem der Rudelführer seinem Nahrungserwerb nachgeht, sind Hunde nicht wirklich erlaubt, aber auch nicht wirklich verboten. Diese Grauzone sicherte somit für unseren Familienneuzugang die regelmäßige Tagesunterbringung als Überbrückung der Welpenzeit. Danach würde er den Vormittag verschlafen, dann die Kinder sich nach der Schule seiner annehmen und abends waren ohnehin wieder alle vom Jagen und Beerensammeln zurück.

Einen Hundewelpen ins Büro zu transportieren ist einfach. Hund nehmen, in die Transportbox einführen, während der Fahrt im Auto wohlwollende Worte finden, gesund und heile ankommen, Hund aus der Box entnehmen. So gut – so einfach. Dann müssen aber noch ein Napf, Fressen, Decke, Spielzeug, Handtuch und so weiter und so weiter mitgeführt werden. Eltern kennen das aus der Säuglingsphase ihrer Zweibeiner. Mit einem Welpen ist es im Prinzip nichts anderes.

Als unser Fritz das erste Mal transportiert wurde, war alles dabei, der Wagen bis unter die

Decke bepackt. Zu Hause hatte die ganze Familie beim Verladen geholfen, im Büro die dort anwesenden kollegialen Hundefreunde den Wagen entladen. Jede Versorgungs-Karawane durch eine Wüste nach Wahl transportiert kaum weniger. Natürlich begeistert ein Welpe durch sein Welpensein schon in besonderer Form. Wenn Welpe und Dackel zu einem Dackelwelpen zusammenkommen beginnt so etwas wie ein Glühen. So war in diesen ersten Stunden im Büro mit Hund an Arbeit gar nicht zu denken. Im Minutentakt lösten sich die Kollegen ab, den kleinen Kerl zu begutachten. Keine Termine standen an, also alles unproblematisch. Im Nachbarbüro wurden extra in feiner Handarbeit Papierkugeln gefertigt, denen man begeistert hinterherlaufen konnte. Außerdem ließen sie sich ganz famos zerfleddern.

Dann mein kurzfristiger Abruf per Telefon zu einer außerordentlichen Konferenz. Kein Problem, dafür gab es einen Plan B, Fritz wurde kurzerhand in die Marketing-Abteilung versetzt. Alle Karawanenutensilien wanderten umgehend in das neue Büro.

Dreißig Minuten später erreicht mich eine sms, Herr Pohlmann, Fritz geht es nicht so gut, aber keine Sorgen machen, wir kümmern uns. Natürlich keine Sorgen machen, wieso auch. Würde ich ohne Hund nach Hause kommen, würde ich nur ein neues Zuhause benötigen.

Quälende weitere dreißig Minuten. Endlich Ende der Sitzung mit dem Auftrag, in den heutigen Nachmittagsstunden doch bitte einen Notartermin wahrnehmen zu wollen. Ausgesprochen passend diese Terminierung, sowie eine willkommene Abwechslung für unseren Welpen. Notar, das kannte er schließlich noch nicht.

Als ich im Marketingbüro meinen Fritz aufsuche, sind alle drei Kollegen auf den Knien unter ihren Schreibtischen. Klein Fritz trollt auf mich zu, um gleich wieder unter den Schreibtischen zu verschwinden. Ich begebe mich also, die Anzugshose missachtend, auch auf den Fußboden. Aus allen drei Kehlen erschallt ein „Alles ist gut, sie müssen sich keine Sorgen machen“. Die Klärung folgt, als ich mich wieder in der Senkrechten befinde, mit Fritz auf dem Arm. Unter dem linken und dem rechten Schreibtisch hätte Fritz die Reste der Papierkugeln von sich gegeben. Bei dem Hinteren sei etwas, aber auch wirklich nur ein ganz wenig anderes dabei gewesen.

Alles sei jetzt aber wieder sauber. Der Hund könne sofort wieder in mein Büro. Umgehend folgt mir die Karawane in mein Büro, Papiere zusammensammeln und Karawane zum Wagen.
Auf dem Beifahrersitz liegt in eine Decke gehüllt ein Etwas mit ganz großen Augen. Eigentlich sieht man nur Augen. Während der Fahrt werden mehrere Versuche unternommen auf meinen Bauch zu gelangen. Da Hund und Lenken nicht nur verboten, sondern auch schwierig ist, halte ich auf einem Waldparkplatz. Ich nehme die Augen auf den Arm. Zuneigung und Wärme hilft immer. Dackelwelpen wissen das scheinbar nur bedingt, denn zum Dank erhalte ich eine Portion Mageninhalt mit Papierschnipseln auf das Hemd. Somit habe ich jetzt ein feuchtes, beflecktes Paradehemd. Die Rettung liegt im Kofferraum, ein Ersatzhemd. Der kurzentschlossene Anruf bei unserer Tierärztin führt zu einer gewissen Beruhigung. Magenverstimmung, Flüssigkeitsverlust, bitte einmal Wasser und Ruhe, auf dem Arm halten ist in jedem Fall förderlich. Sie weiß nicht, dass ich zum Notar muss. Der Patient wird also wieder auf den Arm verfrachtet. Bis zum Notariat in dem ehrwürdigen Fachwerkhaus mit direktem Parkplatz vor der Tür schläft man mit leichtem Schnarchen auf dem Arm. Erst beim Aussteigen in der Sonne bemerke ich die komplette Durchfeuchtung meiner linken Hemdseite. Selbstdiagnose: Erhöhter Speichelfluss durch Magenverstimmung. Kein Reservehemd mehr vorhanden. Jetzt heißt es, Farbe beziehungsweise Feuchtigkeit bekennen. Mit Aktentasche und Hund begebe ich mich direkt auf den Empfang zu. Entschuldige kurz und bündig mein Aussehen und bitte um Einlass in den Besprechungsraum. Nochmalige Prozedur vor dem Notar. Dann lassen Hund und Hundeträger sich in den bequemen lederbezogenen Besprechungssessel fallen. Eine Welle der Fürsorge bricht über mich herein, die dienstlichen Belange werden in Windeseile unkonventionell abgewickelt. Mit einem mich fast abdeckenden Leihhandtuch kann die Karawane nach Hause. Der telefonisch angekündigte Krankentransport wird gebührend in Empfang genommen. Alle kümmern sich um Augen mit Dackel, keiner nimmt mich wahr. Der erste Bürotag ist überstanden.
Alle Folgenden waren bis auf eine angekaute Teppichleiste wesentlich entspannter. Und mit zunehmendem Alter hat ein auf dem Boden liegender schlafender Hund etwas höchst Beruhigendes im Büro.

***Dackelfreunde beachten bitte*: Wenn Sie einen Hundewelpen an Kollegen übergeben, sehen Sie bei der Abholung immer zuerst unter die Schreibtische. Und Reservehemden können sehr nützlich sein – man muss nur genügend mit sich führen.**

Die erste Trennung vom Rudel – oder: Es gibt den Osterhasen doch

In allen Bundesländern gibt es gemütliche Wirtschaften, in denen man gesellig beieinander sitzen kann. Völlig unabhängig davon, ob man sich dabei flüssigen, gekochten oder gebackenen Freuden hingibt – ist alles stimmig, kann es passieren, dass man sein Gefühl für die Zeit verliert. Genau in einer solchen Wirtsstube haben wir am Vorabend zum Ostersonntag gemeinsam mit Schwager und Schwägerin sowie Schwiegereltern im bayrischen Wald gesessen und vergessen. Die Osterfeiertage verbringen wir immer in dieser herrlich bodenständigen, vielseitigen Region. Unsere Unterkunft, eine saugemütliche, sehr familiäre Pension im schönen Schönberg liegt mit Alpenblick an exponierter Stelle direkt auf einem Bergkegel am Wald. Zu jenem Osterfest reisten wir also nicht nur mit Kindern, sondern auch mit Hund an, der erstmalig bayrischen Boden betrat bzw. erstmalig in einer bayrische Wirtschaft unter einer massiven, etwas abgeriebenen Holzbank den Tag verschlief. Nach wenig Bewegung benötigt Dackel natürlich Auslauf. Unter der Wirtshaus-Bank hatte er mit Ausnahme der freundlichen Versorgung mit einem Stückchen Haxe aus der Küche nicht eine Muskelfaser bewegt. Daher war nach Ankunft in unserer Pension klar: Bevor wir uns an den ebenso saugemütlichen Stammtisch mit flankierendem Kamin begäben, wäre eine große Spaziergang-Runde fällig. Die Damen bevorzugten die sofortige Nähe zum Kamin, Sohnemann Phillipp und ich zogen also alleine mit Fritz los.

Die Leine um den eigenen Hals geschlungen und mit Hund in Sichtweite ging es in einem von Wurzeln aller Größen gesäumten Hohlweg bergan. Fritz schien höchst begeistert von dem bayrischen Boden, sichtlich aufgeregt spürte er um uns herum. Er sog mit viel Eifer all das Neue für ihn Unbekannte in sich auf. Bis zu diesem Zeitpunkt waren alle bisherigen „Leinen-nicht-nötig"-Wege in Wald und Flur so verlaufen. Fritz blieb in Sichtweite, sicherte regelmäßig, ob wir uns in seiner Nähe befanden und gut.

Punkt sechs Uhr vernahmen wir auf unserem Weg die tiefen und helleren Töne der Kirchenglocken unterhalb von uns. Sohnemann und ich verharrten, um zu lauschen. Die frische Luft, der anheimelnde Blick, die Glocken, der gleichmäßige Spurlaut. Der gleichmäßige Spurlaut ...? Der passte gar nicht mit ins Bild, nicht ins Gehör, aber nach 180-Grad-Drehung zu unserem nicht mehr in unserer Nähe befindlichen Hund.

„Jiff, Jiff, Jiff ..." entfernte er sich von uns durch das vom Abendlicht durchflutete Stangenholz.

Also sofort Gegenmaßnahmen ergreifen. Ich rief. ich rief laut, ich rief ganz laut, ich rief mit Echo. Keine Reaktion, nur weiter „Jiff, Jiff, Jiff".
Ich pfiff, ich pfiff laut, ich pfiff ohrenbetäubend. Keine Reaktion, nur ein ganz ganz weit entferntes „Jiff, Jiff, Jiff".
Philipps offener Mund und seine großen Augen zeigten eindeutig, was er dachte. Jetzt muss Papa bei uns ausziehen, denn Mama hat gesagt, wenn er einmal ohne den Hund zurückkommen sollte, könne er auch gleich ganz weg bleiben.
Mir klangen hingegen die Ratschläge unserer Züchter in den Ohren. Wenn der Dackel sich unerlaubt entfernt, warten und Ruhe bewahren. Kommt er nicht wieder, einfach an der Stelle des letzten Kontaktes ein Kleidungsstück liegen lassen. Dort findet er sich irgendwann wieder ein.
Also Ruhe bewahren. Wir bewahrten Ruhe. Wir beschwichtigten uns gegenseitig, dass er bald wiederkommen würde. Wir beruhigten uns damit , dass die Autos im bayrischen Wald nicht ganz so schnell fahren würden. Wir beruhigten uns damit, dass die kleinen Felsvorsprünge mit Absturzmöglichkeit doch nur ganz kleine Sturzmöglichkeit boten. Wir beruhigten uns damit, dass die Wildbäche nicht ganz so starke Strömungen hätten und zu dieser Jahreszeit auch nicht ganz so kalt sein würden. Ich beruhigte mich damit, dass mein Gehalt ausreichen würde, mir eine eigene Wohnung zu leisten. Hoffentlich würde ich nur regelmäßig die Kinder sehen dürfen. Während ich also mein neues Leben strukturierte, begann Philipp zu überlegen, welches Kleidungsstück wir hier zurücklassen sollten. Wir entschieden uns für meine Jacke. Aber erst würden wir weiter mit erhöhtem Puls, einem flauen Gefühl im Magen und großer Sorge um den Verbleib unseres Vierbeiners Ruhe bewahren. Die Sekunden vergingen wie Stunden. Nichts tat sich um uns herum. Kein Rascheln, kein Fritz!
Philipp war der Erste, der aufjuchzte, denn, da kam Fritz. Mittig auf dem Hohlweg, den Kopf stolz nach oben gestreckt, breite Brust, zackiger Gang. Als ob nichts gewesen wäre, ließ er sich herzen. Wir waren überglücklich, er war wieder da, ich würde weiterhin ein Zuhause mit Familie bewohnen.

Bis zur Pension blieb Fritz in üblicher Reichweite wie immer bei uns, als ob nichts gewesen wäre. Den restlichen Abend verschlief er vor dem Kamin, der Ausflug war ausreichend kräftezehrend gewesen.
Am nächsten Tag war ich vor dem Ostereiverstecken aus Bequemlichkeit im Schlafanzug und Lodenmantel mit Fritz zur Morgenrunde aufgebrochen. Meine

Mutmaßung, am Ostersonntag in aller Herrgottsfrühe auf niemanden zu treffen, bestätigte sich. Wir waren allein den Hohlweg des Vorabends gelaufen. Ebenso allein auch den anschließenden Waldweg. Der Teckel benahm sich wieder wie immer. Er blieb in Rufweite und ich trotzdem besonders aufmerksam. Auf der Hügelkuppe angekommen, drehten wir wieder um und steuerten gen zu bestückender Osternester. Ich war beruhigt, der Fluchtversuch des gestrigen Tages war scheinbar nur eine einmalige Laune gewesen.

In der letzten Biegung vor dem Hohlweg genoss ich noch einmal die herrliche Aussicht auf die vor uns liegende Landschaft des Bayrischen Waldes, als direkt vor uns der „Oster"-hase mit langen ausgreifenden Sprüngen vorbeipreschte.

Die Kombination Nachtgewand und Lodenmantel eignet sich nur bedingt für schnelle Bewegungen. Ohnehin war es eine Illusion, durch einen Satz nach vorn, den wie ein Olympia-Sprinter dem Hasen folgenden Dackel aufzuhalten.

Dass die bayrischen Lande dem Katholizismus verschrieben sind, weiß ein jeder. Dass Ostern der höchste Feiertag der Christenheit ist, ist auch keine Neuigkeit. Zusammengefasst, ich befand mich völlig unpassend gekleidet an einem hohen christlichen Feiertag im Wald, mit einem Hund, der sich lauter als die Kirchenglocken des Vortages von mir entfernte. Seine Stimme klang an diesem Feiertag jedoch im Gegensatz zum Vortag satt und kräftig. Hasen regulär und Osterhasen im Besonderen schlagen Haken, wenn sie verfolgt werden. Die Verfolgungsjagd blieb also in relativer Nähe. Ich wartete auf meine Chance, die beiden zu erblicken, um den Osterhasenjäger abzurufen. Ein Kleidungsstück zurückzulassen, schied ob der unpassenden Aufmachung meinerseits gänzlich aus. Anstatt das Verfolgungsgespann in Anblick zu bekommen, näherte sich eine ältere Dame. Dunkel, dem Tage angemessen gekleidet, schritt sie mit ihrem Spazierstock hörbar auf dem Boden aufsetzend auf mich zu. Jetzt würde es eine Standpauke geben oder mindestens ein ordentliches „Granteln".

Ich war auf alles gefasst! Mit einem ausgesprochen freundlichen Lächeln fragte sie, ob der da, mit dem Stock in Richtung Hundegebell deutend, zu mir gehören würde. Ich bejahte leicht zerknirscht. Was er denn für einer sei. Ich entgegnete: ein Teckel. Wen er denn jagen würde. Ich entgegnete den Osterhasen. Sie schmunzelte, überlegte kurz und entgegnete dann, „recht so", dafür seien Teckel ja schließlich auch da. Dann, wieder nach einer kurzen Pause, bestätigte sie noch, dass er eine schöne Stimme hätte. Ja, gut zu hören war Fritz tatsächlich. Sie würde ihn gerne einmal sehen, ob ich ihn denn rufen könnte. Ja natürlich konnte ich, das war doch hier alles geplant und gewollt. Also verkündigte ich mit einem sehr lauten Pfiff dem Ausreißer an, er möge die Suche bitte abbrechen. Wenige Sekunden folgte ein zweiter. Absolute Ruhe. Erwartungsvoll schaute mich meine Gesprächspartnerin an, blickte dann aber wieder um sich. Mit ihrer Bestätigung, dass der Dackel aber gut ausschauen würde, kam Fritz tatsächlich zwischen den Baumstämmen direkt auf uns zu. Er wurde beim Eintreffen von der Dame liebevoll gestreichelt. Mit nach unten gezogenen Mundwinkeln bestätigte sie: „So ein Feiner und so gut erzogen. Den haben sie aber wunderbar im Griff." Nicht einfach bei Dackeln, sie würde das wissen, sie hätte auch schon mehrere gehabt. Fritz stöberte alsbald wieder um uns herum, die Dackelfreundin verabschiedete sich nochmals freundlich. Sie wünschte frohe Osterfeiertage, einen angenehmen Aufenthalt und alles Gute. Ich bewegte mich, meine inneren Gefühle verbergend, mit dem gut erzogenen Dackel zu den zu füllenden Osternestern. Das mussten wir jetzt selber machen, den Osterhasen hatte ja der guterzogene Jagdhund mit vollem Einsatz verscheucht.

Dackelfreunde beachten bitte: Wenn Ihr Dackel Sie verlässt, einfach Ruhe bewahren. Klingt nach Theorie, ist es tatsächlich und in Bayern gibt es den Osterhasen wirklich – also Ehrenwort. Es kann von Vorteil sein, ein Kleidungsstück bei sich zu führen, das entbehrlich ist.

Die erste Beute in der Lüneburger Heide

Man hat im Leben immer eine Wahl. Ende der Neunziger Jahre war eine solche Wahl, entweder sich zur Landesverteidigung ausbilden zu lassen, oder sich sozialen Aufgaben zu verpflichten. Mich beherbergte für die zwölfmonatige Dienstzeit ein Fliegerhorst in der Lüneburger Heide. Das bedeutete konkret, freie Kost und Logis, das erste eigene Geld, neue Bekleidung mit unterschiedlichen Kopfbedeckungen sowie eine Freizeitregion direkt vor der Haustür zu haben. Die freie Logis oder auch Kaserne genannt, bestand aus unzähligen heidehofähnlichen Gebäuden, umgeben von Wald, Wald und nochmals Wald. Dazu kamen eine gut sortierte Bibliothek, ein Schwimmbad sowie ein großzügiger Saunabereich. Alles Annehmlichkeiten, die zur Kurzweil beitrugen. Besonders genoss ich die Abendstunden auf der Stube bei geöffnetem Fenster mit einem guten Buch vor der Brille. Mein Stubenkamerad, ein Arztsohn, der sich der Land- und Forstwirtschaft verschrieben hatte, beendete irgendwann dieses herrliche sorglose Leben. Er wunderte sich täglich darüber, weshalb ich nach Dienst nicht etwas Vernünftiges machen würde, einfach so rumzuliegen, um zu lesen, sei doch kein Zustand. So seine Abendstunden zu verbringen, passe nicht in sein „höfisches" Lebensbild eines „vernünftigen Kerls".

Kurzerhand verpflichtete er mich, mit einem Arbeitsanzug versehen – den gab es als Landesverteidiger auch frei Haus – ihm zu folgen. Ich folgte aus Neugierde, fand mich aber in kein spannendes Abenteuer verwickelt, sondern mit einer Forke ausgestattet in einem Kälberstall stehend wieder. Da die Luftwaffe, jedenfalls das Bodenpersonal, offenkundlich nicht für ihre besondere körperliche Betätigung geeignet ist, war dieser sportliche Ausgleich nicht unwillkommen. Es folgten weitere Kälberstalleinsätze, Zäune flicken, Rinder treiben, Trecker fahren, Heuballen verladen, Kartoffeln sortieren, dabei versteinerte Seeigel finden – sprich: Bett und Buch wurden mit einer landwirtschaftlichen Ausbildung getauscht. Die fünfköpfige Familie Ripke, denen der Bauernhof mit dem schönen Namen Sebandshof gehörte, war zunächst erstaunt über den arbeitswilligen Städter, gewöhnte sich aber an ihn und seinen regelmäßigen Anblick. Ich wurde jedenfalls reich verköstigt. Am Abendbrotstisch kam regelmäßig das mir völlig fremde Thema Jagd in unterschiedlichsten Facetten zu Sprache. Irgendwann hatte ich zur tiefen Verwunderung aller Anwesenden mein coming out, indem ich verlauten ließ, keinen Jagdschein zu haben. Es war eine Mischung aus tiefem Bedauern für diesen haltlosen Zustand, gefolgt von Ermunterung, diese fürchterliche Situation ganz schnell zu ändern.

Zum Ende der Dienstzeit wurde meine Abfindung der Bundeswehr also in das sogenannte grüne Abitur investiert, um dann bis zum heutigen Tage diesem Heidehof treu zu bleiben. Dass sich meine eigene Familie im Laufe der Jahre selbstverständlich hier ebenso wohl fühlte wie ich, steht außer Frage.
So besuchen wir bis zum heutigen Tage die Heide, um alle Freuden und Besonderheiten des Landlebens zu genießen. Unsere Kinder wissen daher auch, dass Kühe nicht lila sind. Sie wissen, dass Milch viel wertvoller ist als das mit Zucker gesättigte braune Erfrischungsgetränk. Sie wissen, dass der Umgang mit den vielen unterschiedlichen Tieren viel Freude bereitet, man sie aber auch essen kann. Sie erleben aber auch, dass Landwirtschaft verdammt harte Arbeit sein kann.
Da wir alle von Namen und Person bekannt sind, löst unser Auftauchen in dem Heidedorf keine Verwunderung mehr aus. Mit Dackel Fritz gestaltete sich das hingegen anders. Die meisten Landwirte in der Region verfügen über große Hunde. Also solche in jedem Fall mit langen Beinen. Damit meine ich solche, denen man im Stehen auf den Kopf fassen kann. Es kommen auch mittlere Größen sowie vereinzelt Kleine vor, aber eigentlich ist Groß das, was zählt. Als wir an einem sonnigen Sonntag schwungvoll die Hofauffahrt ansteuerten, hatte bereits eine beachtliche Anzahl von Fahrzeugen kreuz und quer auf dem Gelände geparkt. Heinrich, der Chef vons Janze, hatte einen Rothirsch erlegt. Diese Tatsache war ausreichender Grund für einen höchst geselligen Umtrunk. Neben dem prachtvoll strahlenden Blumengarten war unter einer mehrere hundert Jahre alten Eiche das Geweih platziert.

Die Gäste verteilten sich im Garten, Kinder tollten herum, Hunde folgten oder lagen auf dem grünen frisch gemähten Grasteppich. Wir wurden munter begrüßt, einer nach dem anderen. Für Fritz gab es ein verschmitztes Lächeln, es gab markige Sprüche, ob er noch wachsen würde, es gab Späßchen, ob er nicht lieber auf dem Arm getragen werden sollte. Einige Teckelfreunde fanden hingegen entsprechend anerkennende Bemerkungen über unser neues Familienmitglied. Überwiegend wurde jedoch immer wieder gestichelt bzw. gelästert.
Als wir unsere Begrüßungsrunde beendet hatten, entdeckte Fritz plötzlich das Haupt des Königs des Waldes, vielmehr stach es ihm in die Nase. Es war sein Erstkontakt mit Rotwild. Die Leidenschaft drückte ihm beinahe den Kehlkopf durch das Halsband ein, so zog er gen ungekröntem Objekt der Begierde. Wir mussten also zur Eiche. Intensiv inspizierte er seine neue Beute, denn ab diesem Zeitpunkt des Erstkontaktes war das, was da so gut roch seins, um sich von dieser auch nicht mehr zu entfernen. Ein Heidegarten ohne tiefschwarzen, alle Lebensgeister erweckenden Kaffee mit ein bis unendlich vielen Stücken selbstgebackenen Kuchens ist für mich nicht vorstellbar. Also ließ ich den Riemen, verbunden mit Hund, bei seiner vermeintlichen Beute, um das Kuchenbuffet anzusteuern. Meine dampfende, wohlriechende Tasse Kaffee nahm ich noch in Empfang, für den Kuchen reichte es aber leider nicht mehr aus. Ein Getöse von Hundegebell hatte sich in meinem Rücken entfesselt, begleitet von ebenso laut rufenden Besitzern, die versuchten, ihre Vierbeiner zu disziplinieren. Im Ergebnis war das Hundeknäuel schnell entwirrt. Auf der einen Seite vor der Eiche bzw. vor dem Hir-

schen befand sich ein Fritz mit offenem Fang und Rückenhaaren, die senkrecht gen Himmel standen. Ihm gegenüber zwei große und ein mittelgroßer Hund, ebenfalls in eindeutiger Drohgebärde ausgerichtet. Der Frontverlauf war klar, die Positionen auch. Nur der beschmunzelte, bestichelte, belästerte kleine Dackel wich nicht. Er wich keinen Meter, er wich keinen Zentimeter, nur sein Puls bewegte ihn einige Millimeter, aber nur nach vorn, auf gar keinen Fall zurück. Es war Zeit, ein Stück Kuchen zu besorgen, um niemandem meinen überlegenen Blick zu präsentieren. Ingrids Kuchen schmeckte wieder einmal überwältigend, der Kaffee dazu natürlich auch. Außerdem verformte der besonders kräftige Biss in den gebackenen Leckerbissen meine immer noch Überlegenheit ausstrahlende Mundpartie besonders.

Fritz, der vermeintlich kleine Hund, behauptete seine Position lange gegen die eindeutige Übermacht. Erst die mit Handtüchern ausgestatteten Kinder beendeten mit friedlichster Absicht diese Konfrontations-Situation durch ein verlockendes Angebot. Es sollte zum Schwimmen in das nahe gelegene Flüsschen Örtze gehen. Tja, Schwimmen ist dem Fritz dann doch wichtiger als Beute bewachen.

Wir sind nie wieder bei folgenden Zusammenkünften oder Feiern auf die Größe von Fritz angesprochen worden. Manche Dinge lösen sich eben von alleine.

Dackelfreunde beachten bitte: Es wird behauptet, dass Dackel, wenn sie in den Spiegel blicken, einen Löwen sehen. Das stimmt uneingeschränkt, nur leider wissen das nicht alle Besitzer anderer Hunderassen. Würde es eine noch viel größere Raubkatzenart geben, der Dackel würde sich mit dieser identifizieren.

Der Dackel denkt, also ist er – oder: „Hot Dogs" haben Charakter

In dem Schwarz-Weiß-Kultfilm „Die Feuerzangenbowle" entspinnt sich in einer Szene zwischen der älteren mit Stehkragen, Gehrock nebst Manschetten versehenen Lehrkraft und dem jüngeren der Moderne zugetanen Kollegen eine kurze Diskussion über das Thema Erziehung. Der eine vertritt dabei die Richtung Herz, besondere Rücksichtnahme auf das Individuum sowie laissez faire, der andere sieht visionär die jungen Bäume, die man gezielt anbinden und beschneiden muss, um sie gerade und aufrecht wachsen zu lassen. Wie immer liegt der rechte Weg der überlegten Erziehung sicherlich irgendwo in der Mitte oder auch ganz woanders.

Für Hunde im Allgemeinen sowie Dackel im Speziellen sollte man grundsätzlich sich erst einmal Eines vergegenwärtigen. Ein Vierbeiner muss aus Rücksicht auf andere Mitmenschen und Mittiere so „steuerbar" sein, dass er keinen Schaden verursacht. Dazu zählt natürlich auch die unerlaubte Umgestaltung von menschlicher Fußbekleidung. Was haben Vierbeiner eigentlich bei den barfußlaufenden Ureinwohnern gemacht?

Ansonsten – bei Nichtberücksichtigung der allgemeinen Spielregeln – kostet das ungesteuerte Wirken der befellten Familienmitglieder entweder viel Geld oder ein Abonnement bei einem Textil-Reinigungs-Fachgeschäft, besonders für Matschpfotenabdrücke auf bevorzugt weißem Stoff oder einfach nur regelmäßigen Ärger bzw. unnötigen Stress oder alles zusammen.

Welche weiteren Schritte in puncto „mein Hund – meine Verantwortung" man berücksichtigt und wie intensiv man sonst die Erziehung gestaltet, liegt in der Natur der Sache bei jedem Hundebesitzer selbst.

In unserem Falle vertrat der zweibeinigen Nachwuchs die Auffassung, Fritz soll sich einfach entfalten, also Variante Stehkragen, die Gattin war durch das Internet auf Hundeschule eingestellt, also Variante Bäume schneiden und meine Wenigkeit war anders, ich beabsichtigte eine grüne Spezialausrichtung. Also wieder Demokratie? Nein, in diesem Punkt wurde totalitär entschieden, die Erziehung wurde über Rudelchef I und Rudelchef II als Erziehungsberechtigte vorgegeben. Wer I und wer II war bzw. ist legt natürlich jeder für sich aus, um das ansonsten harmonische Eheleben nicht zu belasten.

Grundregeln und klare Ansagen wurden abgestimmt – Ausführung und Umgang ebenfalls – Erziehung funktionierte, also grundsätzlich funktionierte sie, also es gab nicht viele Ausnahmen der Entgleisung.

Anfänglich schwebte über uns jedoch noch ein großes, ungeklärtes Vorurteil in der Luft: Es ging um die Vorstellung, dass Dackel störrische Vertreter ihrer Zunft seien. Außerdem hätten sie einen so ganz eigenen Kopf.

Wir haben dazu zwei Erfahrungen gemacht, die wiederum auf zwei Theorieansätzen beruhen, welche das Vorurteil sehr stark relativieren. Die eine wird durch meine Großmutter väterlicherseits belegt werden, die andere durch die unzähligen unterirdischen Erdröhren, in denen sich Dachs und Fuchs hierzulande vergnügt tummeln.

Meine werte Großmutter ist in hohem Alter jeden Tag zu gesegneter Zeit mit den nicht vorhandenen Hühnern aufgestanden, hat für sich sowie ihren Dackel mit viel Sorgfalt die Nahrung präpariert, um dann die erste Hunde-Runde mit der Zeitungsbeschaffung zu verbinden. Mittags, ohne Zeitung, noch einmal eine Hunde-Runde mit Besorgungen jeglicher Art. Je nach Wetterlage eine Ruhe-Runde zu Hause, um dann andere kuchenfressende Pelztiere zu treffen oder solche bei sich zu Besuch zu haben. Abends eine letzte Hunde-Runde gefolgt von einer gemütlichen Fernseh-Runde. Grundsätzlich alles eine runde Sache, alles mit Liebe und Hingabe. Aber welche Herausforderungen ergeben sich da für einen durchschnittlichen Teckel? Genau – einfach zu erkennen, so wirklich nämlich gar keine. Alles viel zu rund, immer Ruhe, keine größeren Beeinträchtigungen, alleiniges Recht an Futter, Sessel, Lebensraum ohne jegliche regelmäßige Konkurrenz oder Sozialkontakte. Treten diese dann plötzlich auf, werden Kreise bzw. große Runden gestört. Da verhält man sich doch automatisch ungehalten bzw. störrisch, würde ich jedenfalls, wenn ich so abgerundet leben würde.

Wenn Dackel hingegen z.B. mit einer durchschnittlichen Familie einen durchschnittlichen Tag verbringt, ja, da wird man doch ganz anders sozialisiert, wenn man mithalten will. Es gibt andere Abwechslungen, andere Herausforderungen, jedenfalls viele Ecken und Kanten an denen sich gerieben wird. Auf gar keinen Fall ist alles rund. Da ist wenig Platz für störrisches Verhalten. So viel zu Theorie Eins.

Nun zu der Unterwelt, also den vielschichtigen geologischen Formationen unter uns, auf denen wir täglich wandeln, der Theorie Zwei. Versetzen Sie sich bitte in folgende Lage: Ihre größte Leidenschaft wäre es, in niedrigster Gangart durch dunkle, also pechschwarze unbelüftete Erdröhren zu robben. Sich dabei permanent in Alarmbereitschaft zu befinden, ob nicht Meister Reineke, ein Fuchs, oder Meister Grimbart, ein Dachs, sich Ihnen in den Weg stellt, um ein Tänzchen zu wagen. Sie müssen jedenfalls eine Vielzahl von eigenen Entscheidungen treffen. Welchen Weg nehme ich? Was wage ich? Tanze ich oder tanze ich nicht? Kann ich überhaupt tanzen? Welchen Tanz tanze ich überhaupt? Keiner hilft Ihnen, keiner gibt Ihnen Tipps. Es gibt weder „briefing“ noch „meeting“, noch sonst irgendetwas. Ganz eigenständiges Arbeiten, volle Selbstverantwortung. Wieso sollte also ein Dackel diese wunderbare Eigenschaft plötzlich oberirdisch abgeben. Er denkt auch hier, möchte auch hier eigene Entscheidungen treffen.
Ob diese Vorstellungen nun so stimmen oder nicht, sei bitteschön auch jedem wieder bei der Auslegung selber überlassen.

Fritz jedenfalls wird durch unseren Nachwuchs ordentlich auf Trab gehalten. Er setzt seinen eigenen Kopf regelmäßig durch, stört aber damit nur sehr selten.

Dackelfreunde beachten bitte: Die Feuerzangenbowle ist ein toller Film. Dackel ist das, was man aus ihm macht und selbstständiges Denken, nach unserer Auffassung, nicht mit einem eigenwilligen Dickkopf oder Sturheit zu verwechseln. Und Vorurteile sind doof.

Hefeteig ist kein geeignetes Hundefutter

Das Thema Nahrung führt schon bei kultivierten Zeitgenossen zu sehr unterschiedlichen Meinungen. Wie einfach waren doch die Zeiten, als ein Kanten Brot, ein Stück Wurst, etwas Schmalz oder Butter und Quellwasser, gerne auch gegorener Gerstensaft dazu, für auskömmliche Zufriedenheit sorgten. Aber ehrlich gesagt, was uns in der heutigen Zeit so an unglaublichen Kreationen zum Thema Essen umgibt – lecker, lecker, lecker. Auch die endlosen Regale mit Verführ-Utensilien zur Auswahl für den abendlichen Schmaus sind doch in einem normalen Supermarkt beim Abschreiten zeitlich kaum noch zu bewältigen.

Genau dasselbe Gefühl werden Sie das erste Mal in sich aufsteigen spüren, wenn Sie sich zum Thema Nahrung für den Hund, respektive Dackel, orientieren. In uns stieg es jedenfalls ganz schnell auf, dieses Gefühl. Natürlich gibt es auch hier, wie bei den Fressalien für Zweibeiner, alles in allen Größen, Formen und Gerüchen. Auch hier können sie sich für Richtungen entscheiden. Ganz nass, nass, halb nass, viertelnass, trocken, ganz trocken, staubtrocken, mit was drin, mit ohne was drin, lebend, halb lebend, ohne Leben und noch vieles darüber hinaus. In diesem Zusammenhang ist natürlich entscheidend, wie die Packungen präsentiert werden. Da gibt es Aufdrucke mit für den Morgenhund, den Abendhund, den sportlichen, den unsportlichen, den Alten, den Jungen, den, der mit Herrchen und Frauchen sein Essen teilt, und so weiter und so weiter.
Wir haben es uns ohne demokratischen Prozess im Familienrat ganz einfach gemacht. Nach Sichtung dieser unüberschaubaren Menge von Angeboten haben wir einfach das gefüttert, was unsere Züchter füttern. Fritz hat es nicht gestört. Wenn dann mal ein Ei oder andere ähnliche Zutaten im Fressnapf für Abwechslung sorgen, ist der sichtbare Fressgenuss kein anderer, nur die Fressgeschwindigkeit erhöht sich mitunter merklich.
Grundsätzlich soll es sogar von Vorteil sein, wenn Hund, damit auch Dackel, etwas gefräßig ist, weil die Möglichkeit des Ausnutzens dieser Eigenschaft das Lernverhalten beeinflussen kann. Frei nach dem Motto: Für Nahrung mache ich alles. Diese Eigenschaft kann aber auch andere Auswirkungen mit sich bringen, was wir einprägsam erleben durften.

Meine Gattin hatte mit viel Liebe den Geburtstagskuchen für die vielen Kinder, die bei uns leben, vorbereitet. In diesem Moment hatte sie natürlich nicht an Fritzens Leidenschaft für Nahrung gedacht. Auch nicht, als sie den mit viel Kraft ge-

kneteten Hefeteig zum Aufgehen, höchst wertschätzend mit einem rotkarierten Tuch abgedeckt, auf der Fensterbank platzierte. Und als sie die Wohnung verließ, hatte sie weder Teig, noch den Hund, noch irgendetwas anderes im Sinn – jetzt war Büro im Kopf.
Der betörende Duft des aufgehenden Hefeteigs hatte Fritzens Sinne geweckt. Was befand sich da wohl unter diesem Tuch, zumal die Fensterbank sein bevorzugter Beobachtungsposten ist, den er einfach erreichen kann. Es nahm seinen Lauf.

So begrüßte, wie sonst selbstverständlich üblich, die Familie bei der nachmittäglichen Rückkehr ins traute Heim kein bewegter, freudiger Hund, der unerlaubt an den Beinen auf- und ab springt, sondern ein langes befelltes Röhrenwesen. Dass Fritz als eindeutig zu erkennender Rüde nicht schwanger sein konnte, schon gar nicht im Verlauf eines Vormittags, lag auf der Hand. Nicht gleich, aber spätestens beim Anblick des rot-weißen Tuches, im Flur und nicht mehr auf der Fensterbank befindlich, war naheliegend, was hier passiert war. Da stand ein praller Dackel, gefüllt mit 500 Gramm liebevoll zubereiteten Hefeteigs ohne Abdeckung im Flur. Zum Glück hatte er das Tuch nicht gleich noch als Nachtisch mitgenossen.
Im ersten Akt der folgenden Vorstellung sorgte Fritz selbstständig dafür, sich dieser übermäßigen Füllung zu entledigen. Seine Form veränderte sich dadurch wieder auf normale Dimensionen, man erkannte wieder seine Dackeltaille, aber seine Bewegungslosigkeit gepaart mit Lustlosigkeit nicht. Wir beobachteten ihn, ließen ihn schlafen. Der Tag verstrich, die Nacht verstrich, um Akt zwei einzuläuten. Es ist nicht schön, wenn man an einem Samstag um 05:00 Uhr unerwartet geweckt wird. Dies tat aber die Hefeteigkneterin, in dem sie mich heftig anstieß. Dabei präsentierte sie einen völlig schlaffen Dackel auf dem Arm. Mir war nicht bewusst, dass Dackel so durchhängen können. Alles hing entweder durch oder runter. Um sechs Uhr kontaktierten wir unsere Tierärztin, die sich ebenfalls, an der Tonlage ihrer Stimme hörbar, über den Weckruf freute, uns jedoch einleuchtend erklärte, dass dieser schlaffe Dackel einen ganz astreinen Rausch in sich und um sich hätte. Dies bedingt durch die Gärstoffe des Teiges. Akt drei war ein Dackel in der Tierartzpraxis, der liebevoll eine Portion Tee nebst leichter Nahrung eingeflößt bekam. Anschließend stand etwas Bewegung auf dem Behandlungsprogramm. Das versuchte das Alkoholbündel auch mit Hilfe des verbleibenden Restes unbenebelten Dackelhirns. Es ging mal schwankend nach links, mal schwankend nach rechts, mal eine Links-rechts-Kombination variierend, mal die Hinterläufe neben den Vorderläufen und dabei regelmäßig über die eigenen Vorderläufe stolpernd voran oder retour. Einfach wie betrunken, also so haben wir es

uns sagen lassen, dass man sich dann so fühlt. Er bemühte sich, aber so wirklich wollte nichts an dem nunmehr etwas gestärkten Dackelkörper so ausführen, wie er es sonst machte. Der Patient bekam schlussendlich eine ordentliche Portion Ruhe verordnet. Diese gönnten wir ihm dann auch.

Er verschlief den Nachmittag, er verschlief den Abend und war dann erst zu fortgeschrittener Stunde wieder putzmunter, als ob nichts geschehen sei. Der erste und hoffentlich auch letzte Rausch war überstanden. Jetzt hatte er nach Habitus und Blick nur noch ein Begehr, natürlich, er hatte Hunger. Also gab es etwas zu fressen, ohne alkoholische Zutaten.

Hefeteig steht seit dieser Vorstellung in drei Akten bei uns nur noch in für ihn unerreichbaren Höhen.

Dackelfreunde beachten bitte: Bäckereien bieten wunderbaren fertigen Geburtstagskuchen. Wenn Ihr Dackel richtig durchhängt, kann er ein Alkoholproblem haben. Und auch Dackel sind nur Menschen, wenn es ums Essen geht.

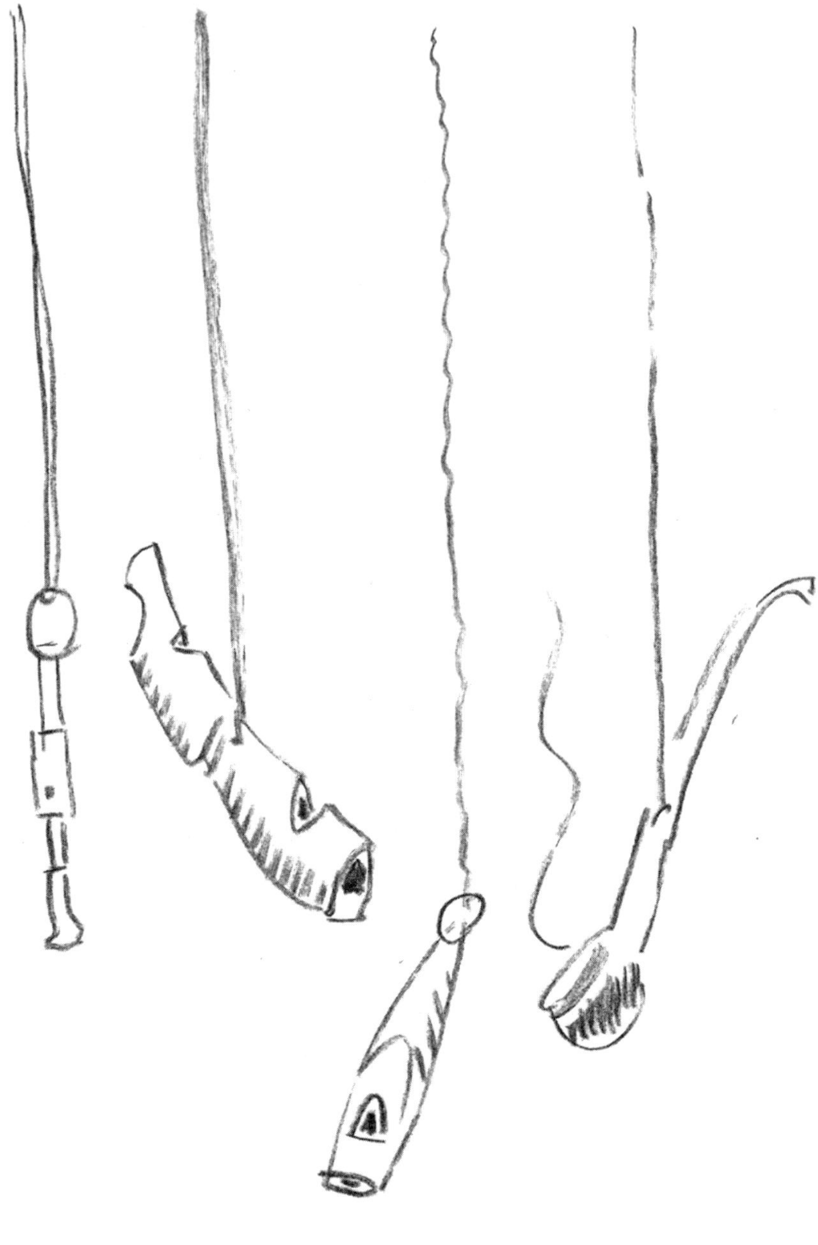

Die Hundeschule kann helfen, muss sie aber nicht

Für unsere Familienmitglieder ohne Fell gilt die allgemeine Schulpflicht, ohne Ausnahme. Für das vierbeinige Familienmitglied hatte die Gattin entschieden, Erziehung und Ausbildung unter Anleitung einer Hundeschule umzusetzen, sozusagen eine selbstauferlegte Schulpflicht.

Nach abwägender Auswahl einer örtlichen Institution mit arbeitnehmerfreundlichen Unterrichtsstunden am Wochenende konnte es also losgehen. Jeweils samstags entschwand daher die Gattin mit Dackel. Beide schwänzten das Familienfrühstück, um zur Mittagsstunde voller Euphorie zurückzukehren und uns die neuen erlernten Fortschritte vorzuführen.

So verging Woche um Woche. Fritz drückte nebst Gattin begeistert die Schulbank und auch in meiner Begleitung in Wald und Flur wurde mit teilweise gleichen aber auch ungleichen Zielen der Lernstoff bewältigt.

Es war eine mit Priorität Eins bewertete Chorfreizeit, die mich nach Kalenderlage dazu verpflichtete, ebenfalls auf das Frühstück zu verzichten, um den Samstagsdienst der an diesem Wochenende singenden Gattin in der Hundeschule zu übernehmen. Ohne nähere Details abgestimmt zu haben wurde – 09:00 Uhr, bitte ganz pünktlich – als Beginn der Unterrichtseinheit übermittelt. Weitere Gedanken hatte ich mir nicht gemacht, lediglich die Kinder begeistert, auch teilzunehmen. Also zogen, Katharina und Philipp leger gekleidet und ich in der Kluft, mit der ich mit Fritz im „Jrünen" mein Erziehungs-Unwesen trieb, los. Lodenmantel, Cordhose, halbhohe Stiefel, als einzig weiteres Utensil eine schmale abgeriebene speckige Hundeleine.

Vor dem großzügigen Trainingsgelände der Hundeschule reihten sich diverse pikobello glänzende SUVs aneinander. Der vom letzten Querfeldein-Einsatz in der Lüneburger Heide mit hellbraunen Sandsommersprossen gesprenkelte Volvo passte hier nicht in das glänzende Erscheinungsbild.

Fritz und Herrchen gesellten sich zu der mit Kaffeebechern im Halbrund stehenden zwei und vierbeinigen Schülerschar. Wie der Volvo zwischen die Glanzkarossen, passten wir beide ebenfalls nicht in diese Runde. Da war vielfarbige, atmungsaktive Outdoor-Bekleidung vertreten. Dazu waren Rucksäcke, breite Nylon-Gürtel mit mehreren Leinen, Säckchen, Tüten, Lodentaschen an den Anwesenden befestigt, die ich als Flachländer nur von alpinen Ausflügen kannte. Ich erhielt, mit meiner glanzlosen Leine in der einen Hand, eine Tasse dampfenden Kaffee in die andere. Fritz erhielt, ohne Kaffee, das Kommando Sitz, welches er anstandslos befolgte. Den Hinweis von einer diensteifrigen Nachbarin, ob ich

denn meinen Schüler neben mir nicht anleinen wolle, quittierte ich mit einem unbedarftem – „Wieso"? Er saß doch vorschriftsmäßig auf seinen Hinterläufen, er bewegte sich nicht. Die Kinder absentierten sich zu einem nahegelegenen Spielplatz. Der Unterricht begann, ich erfuhr das Thema des Tages – Umgang mit Wildtieren. Welch schöner Zufall, da würden wir sicherlich noch etwas Neues lernen oder bereits Versuchtes vertiefen können. Ich begann, mich auf die vor uns liegende Unterrichtseinheit regelrecht zu freuen.
Diese Unterrichtseinheit war aber nicht in dem Sinne, in dem man es versuchen kann zu verstehen, sondern in einem anderen. Weitere Einweisungen stellten klar, wir würden heute lernen, wie sich Fritz von Wildtieren fernhält bzw. wie man Wildkontakt vermeidet.
„Ein möglicher Witz? Ein Scherz meiner Frau?", so schoss es mir durch den Kopf. Nein, alles echt, alles ernst gemeint. Ich fühlte mich trotz des aufbauenden Kaffees wie ein Vegetarier, der von Metzgern umgeben, etwas über die Freuden von Fleisch erfahren würde. Glücklicherweise hatte Fritz die Ansprache nicht verstanden, er befand sich noch völlig entspannt neben meinen Stiefeln. Wir würden hier und heute einfach improvisieren.
Alles begann mit einem Theorieteil. Dieser war wider erwarten höchst nützlich. Ich erfuhr etwas über die unterschiedlichsten Wildarten, Fritze auch. Ich hörte etwas über deren Verhalten, Fritze auch. Ich wurde über Lebensraum und Nahrung der wilden Tiere belehrt, Fritze auch.
Dann folgte die Praxis. Es war eine nette Runde, in der wir hier aufgenommen worden waren. Es wurde viel gelacht. Die Hunde hatten in kleinen Pausen immer wieder Zeit sich miteinander zu vergnügen. Dann wurde uns gezeigt, wie wir mit Leckerlis einen Bogen um imaginäre Gänse oder imaginäre Enten werfen konnten, um Körperkontakt zu vermeiden. Wie wir in Feld und Flur sicher unsere Hunde bei uns behielten bzw. im „Notfall" mit Hilfe von Leckerlis eine Verfolgung stoppen konnten. Auch der Einsatz einer Vielzahl von Signalpfeifen wurde erläutert, die ich im Übrigen nur mittels einer kurzen Lippenanspannung in der gegebenen Naturform mitten im Gesicht dabei hatte. Fritz machte alles in einer Dackelruhe mit. Da die Enten, die Gänse, die Rehe und die Wildschweine hier nur als farbige Plastikwürfel dargeboten wurden, bereitete die Schulstunde des heutigen Tages sichtlich Spaß. Wir wurden sogar einige Male für unsere gekonnte Wildumgehung gelobt. Plastikwürfel riechen eben nach Plastik und nicht nach Wild.
Zum Ende der Unterrichtseinheit wurden die Hunde von der Trainerin etwa hundert Meter entfernt abgelegt, um als Übung vom Eigentümer zurückgerufen

bzw. zurückgepfiffen zu werden. Auf dem Weg waren natürlich wieder einige Wildablenkungen – alles nur Plastik – nichts, was Fritz mit jagdlichen Instinkten wirklich in Versuchung bringen würde. Die ersten Hunde meisterten ihre Sache gut. Sie gehörten aber auch zur Kategorie Herrchen/Frauchen mit Vollausstattung. Dann funktionierte es mehrere Male gar nicht. Wir bildeten das Schlusslicht. Die bereits fertige Korona stand in meiner Nähe. Mir wurden mitleidig ob der Ausrüstungsmittellosigkeit, aber freundlich, diverse Größen von Pfeifen angeboten. Ich dankte ebenso freundlich, wollte aber gerne die gewohnte Lippen-Lungenkombination nutzen. Fritz reagierte auf den ersten leichten Pfiff. Die erste und zweite Ablenkung lenkten gar nicht. Dann bremste er abrupt. Nase im Sand, sichtbare Anspannung und ein unvermitteltes Ausbrechen auf einer vermutlichen Kaninchen oder Hasenspur nach rechts. Jetzt war der Notfallpfiff gefragt. Ohne weitere Vorwarnung wurde das gesamte Lungenvolumen aktiviert. Eins, zwei, drei Sekunden aufpumpen und Pfiff. Fritz bremste abrupt, warf auf, der zweite Pfiff war bereits geladen. Dieser ließ ihn direkt auf mich zulaufen.

Fast zeitgleich mit dem Dackel trafen unsere beiden Kinder bei mir ein. Fritz begab sich unaufgefordert in eine Sitzposition zu meinen Füßen. Katharina und Philipp fragten etwas außer Atem was denn sei, weshalb sie denn schon kommen müssen. Während ich den Vierbeiner lobte, klärte ich die ebenfalls auf Pfiff reagierenden Kinder darüber auf, dass hier nicht sie, sondern der Hund gemeint gewesen sei. Wieder in aufrechter Position, schaute ich in viele offene Münder. Ja, bei Fritz hatte das schon nach kurzer Zeit prima funktioniert. Mit den Kindern hätte es da etwas länger gedauert, bis sie verstanden haben, dass Pfiff auch die Aufforderung zu sofortigem Kommen bedeutet.
Der am Sonntag zurückkehrenden Chorschwester berichteten wir von dem erfolgreichen Tag in der Hundeschule in allen Einzelheiten. Sie würde das aus ihrer Sicht unpassende Auftreten ihrer Vertretung bei der nächsten Lehrstunde in der Hundeschule gewiss diplomatisch rechtfertigen. Erstaunlicherweise habe ich sie nie wieder vertreten, brauchte jedenfalls an keiner weiteren Lerneinheit mehr teilnehmen.

Dackelfreunde beachten bitte: Wer Lehrpläne lesen kann ist klar im Vorteil und vorbereitet. Es gibt Schulfächer, die sich nur bedingt für Jagdhunde eignen. Und manche Dinge eignen sich für Hunde und Kinder gleichermaßen. Übrigens, wer keine Hundepfeife hat und selber pfeift, ist nicht zwangsläufig eine Pfeife.

Der Dackel als schwimmende Sehenswürdigkeit

Die Region der Loire in Frankreich bietet auf wenig Fläche unzählige Annehmlichkeiten. Dazu gehören betörende Weine, unermessliche Nahrung und bezaubernde Schlösser. Ein weiterer Vorteil ist die seichte, je nach Wasserstand sehr langsam fließende Loire. Es bieten sich unzählige Uferzugänge mit Grün oder Sand, gepflastert oder mit Bänken versehen, an. Außerdem gibt es ebenso viele Schilder, die darauf verweisen, dass man dies oder jenes nicht tun darf. Wie das aber in Frankreich nun einmal so ist: Die Schilder werden vorschriftsmäßig aufgestellt, strahlen auch hübsch anzusehen in der Sonne. Nur, niemand, naja, fast niemand – denn irgend jemanden wird es schon geben – aber im Regelfall jedenfalls kümmert sich niemand um die dargebotenen Ge- oder Verbote.
Wir waren in der Sommerfrische vorbereitet, unserem Vierbeiner in aller Geduld die Freude am Wasser nahezubringen. Wir hatten Tipps erhalten, hatten in Büchern gelesen, waren guter Dinge, die Freude des Schwimmens zu vermitteln. Der Teckel an sich kennt bekannterweise keine Angst. Daher näherte sich Fritz bei seinem ersten Kontakt mit dem bekannten französischen Strom auch völlig unbekümmert. Unsere Zwillinge hielten Abstand, alle lobten in verschiedenen Stimmlagen. Dann schwappte unvermittelt eine kleine Welle über die großen Pfoten. Damit war die Freude beendet, Rückzug in den warmen Sand, in dem man sich doch herrlich wälzen konnte.
Jetzt nur nichts erzwingen, alle Ruhe bewahren, neuen Versuch starten. Alles erneut wieder ganz nach Plan. Doch dann ist da plötzlich wieder dieser Fluss, der auch immer noch nass ist. Fritz schaltet auf volle Kraft, nein, sogar äußerste Kraft zurück. Also sofortige Planänderung des bisherigen Vorgehens. Es folgt Plan B. Durch diesen soll die erhöhte Neugierde geweckt werden. Dazu sprinten die Zwillinge mit äußerster Kraft in die warmen Fluten. Das verführt den Schwimmanfänger zum Folgen. Komplette Konzentration auf das Treiben im Wasser. Plötzlich steht man wenigstens bis zur Bauchlinie in der Loire und es stört nicht, dass es nass ist. Für den ersten Tag reicht diese Gewöhnung.

Am folgenden Tag gehen dann nicht nur zwei, sondern drei Rudelmitglieder ins Wasser. Das reicht, um sich bis zum Hals und immer noch mit festem Boden unter den Füßen, Pardon Pfoten, vorzuwagen. Das Wasser ist aber auch sehr erfrischend. An Tag drei erfolgt der finale Vorstoß. Das ganze Rudel befindet sich juchzend im Wasser. Nur einer steht leicht winselnd am Rand und ziert sich und ziert sich und ziert sich und ziert sich und ziert sich und ziert sich – nicht mehr. Schnaufend und prustend

wird der erste Bogen im Wasser gezogen. Es tut nicht weh, alle anderen Rudelmitglieder benehmen sich extatisch, als ob sie eine Hairückenflosse in den Fluten mit nur fünfzig Zentimeter Wassertiefe ausgemacht hätten. Aus kleinen Bögen werden große Bögen, aus großen Bögen ganz große Bögen. Bis zum Ende der Woche bleiben Zwillinge und Hund nicht nur bis zu zwanzig Minuten im Wasser, sondern das Stock werfen und Apportieren stehen ebenfalls auf dem Programm. Von diesem Zeitpunkt an ist Wasser jeglicher Art von großer Anziehungskraft.
Wie alles hat auch diese neue Leidenschaft zwei Seiten. Wenn Sie kurz vor dem Betreten des Festsaales einer Hochzeitsgesellschaft einen Hund mit sich führen, der soeben noch einen mit Entengrütze bedeckten Tümpel ohne natürlichen Wasserzu- oder -abfluss durchschwommen hat, sind die Geruchsbeeinträchtigung sowie das Erscheinungsbild schon nicht der Situation angemessen. Wasserfreudigkeit kann zwar sehr schön sein, muss es aber nicht.
Aber zurück ins Reich der Franken. Bis zum Ende unserer Reise war der ehemalige Teckel zum Otter mutiert. Wasser war fortan seine zweite Heimat. Nach diesem anfänglichen Urlaubs-Erfolg konnten wir uns auf das geplante Besichtigungsprogramm konzentrieren. Auf dem Plan standen diverse Schlösser, die im Reiseführer mit Sternen sowie Farbhinterlegungen so gespickt waren, dass man kaum die Namen lesen konnte. Das „Damenschloss“ Chenonceau, das in malerischer Weise auf soliden Brückenpfeilern gelagert den Fluss mit dem wohlklingenden Namen Cher überbrückt, war erstes Ausflugsziel der Begierde.

Wasserschlösser haben es so an sich, dass sie von Wasser umgeben sind. Bevor wir also den vorgelagerten Park verließen, um das strahlend weiße Gebäude zu betreten, war Fritz schon über eine gepflasterte Rampe im Burggraben. Er zog seine kleinen Bögen, er zog größere Bögen. Von der zum Schloss führenden Brücke konnte man sein Treiben in dem grünlich leuchtenden Wasser herrlich betrachten. Während also die Gattin die letzten Informationen aus dem grünen Guide Michelin zur Überbrückung der Wartezeit auf den Schwimmer zum Besten gab, sammelte sich, für uns unbemerkt, eine Reisegruppe auf der Brücke. Erst als unser Sohnemann einen Stock ins Wasser warf, und Fritz diesen apportierte, brach ein Jubel aus. Von der Brücke folgte sogar noch Applaus. Phillip wiederholte diese Prozedur mit Fritz nunmehr weitere Male. Jedes Mal löste dieses unspektakuläre Tun einen Begeisterungssturm der Zuschauer aus. Diese besondere Aufmerksamkeit führte dazu, dass weitere Würfe kurzerhand abgebrochen wurden. Denn das war schließlich aus Sicht eines Heranwachsenden alles voll peinlich. Damit gab sich die Gruppe aber nicht zufrieden, sondern der vermeintliche Fan-Club kam zu uns zur Rampe. Achtundzwanzig Asiaten mit achtundzwanzig Kameras und achtundzwanzig Mobiltelefonen mit Kamerafunktion umringten uns plötzlich. In akzentfreiem Englisch wurden wir gefragt, ob man denn nicht auch einmal den Stock selber werfen dürfe. Es gab im Rahmen der Völkerverständigung keine Einwände. Zunächst etwas irritiert, aber dann mit der typischen Dackelgelassenheit befriedigte Fritz den Wunsch der Reisegruppe. Siebenundzwanzig Mal holte er den Stock aus dem Wasser. Siebenundzwanzig Mal wurde er fotografiert. Nur eine junge Dame fand den Wurfstock zu glitschig, sie setzte aus, fotografierte aber trotzdem, folglich doch achtundzwanzig Aufnahmen. Nach unzähligen Verneigungen war das Schauspiel beendet. Ob die Gruppe sich das Schloss noch angesehen hat, vermag ich nicht zu sagen. Aber die an einem überdimensionierten Schirm mit Herzchen an der Spitze zu erkennende Reiseleiterin drückte einer völlig verdutzten Katharina und dem ebenso erstaunten Phillip zwanzig Euro in die Hand.
Pädagogisch gesehen, war unser Sehenswürdigkeiten-Programm damit ab sofort zweitrangig. Denn bei den folgenden Besichtigungen wurden wir immer wieder gefragt, ob das Schloss denn auch einen Burggraben hätte, um etwas zu verdienen. Das in Chenonceau verdiente Geld wurde redlich geteilt. Fritz bekam als seinen Anteil einen Knochen der Extra-Klasse spendiert.

Dackelfreunde bitte beachten: Schwimmen lernt sich am einfachsten im Rudel mit einem Plan B, vielleicht auch C. Und man kann – durch Zufall oder geplant – die Anschaffungskosten eines Dackels unproblematisch refinanzieren.

Dackel am Meer – oder: Dackelbesitzer haben auch ein EGO

Wieso in die Ferne schweifen, liegt die Freude doch so nah: Soll für den Dackelfreund bedeuten, man muss die Wasserarbeit natürlich nicht im Ausland trainieren. Mittlerweile gibt es eine beachtliche Anzahl an Flüssen, Seen und Stränden in unserem Land, die nur den Vierbeinern gewidmet sind.

Verbotsschilder sollte man hierzulande jedoch tatsächlich ernst nehmen oder ausreichend Papiergeld in der Brieftasche bei sich führen. Denn Verbote werden jedenfalls nach unserer Erfahrung in Deutschland sehr ernst genommen. Beispielsweise ergeben sich diese Loriot-ähnlichen Situationen, dass man nach einer Watt-Wanderung beabsichtigt, einen Strandabschnitt X vor Stadt Y an der Nordseeküste zu überqueren. Man möchte also ca. 500 Meter mit seinem angeleinten Begleiter schnurgerade, ohne zu verweilen, einfach nur wieder ans Festland zurückgelangen. Schließlich eignet sich das Watt nur bedingt für einen längeren Aufenthalt. Genau bei diesem Vorgang prescht dann ein halb bekleideter vor Autorität triefender dienstbeflissener „Blockwart", Pardon, Strandwärter auf Sie zu. Plustert sich dann nochmals weiter auf, als er ohnehin schon aufgeplustert ist, um Sie aufzufordern, eine Geldstrafe für unerlaubtes Betreten des Strandes in Begleitung eines Vierbeiners zu entrichten. Nach einem freundlichen Erklärungsversuch des Querungsversuchs wird Ihnen dann mit huldvoller Pardon-Geste die Geldstrafe erlassen. Aber man erhält eine weitere Aufforderung: Der Hund sei ausschließlich zu tragen! Folglich schultert man aus tief empfundenem Respekt vor so viel überzeugender Autorität das unerlaubte Hundesubjekt. Zwischen nackten Kleinkindern, schwitzenden Menschen anderer Altersklassen, Kühlboxen mit umstellten Lebensmitteln und vielem mehr stelzt man, bitte auf dem allerkürzesten Weg, gen Promenade. Natürlich immer noch unter verstohlener Beobachtung der sichernden Strandaufsicht.

Ja, abgesehen von den Möwen, die den Strand jederzeit heimsuchen dürfen, abgesehen von den Tonnen Munitionsresten, die jährlich angespült werden, kann man die Argumentation bei den Unmengen an Verunreinigungen in fester und flüssiger Form der ganzen erlaubten Strandnutzer, die der warme Sand hier aufnimmt, verstehen. Hier haben Hunde absolut nichts zu suchen. Nein, hier haben sie absolut gar nichts zu berühren. Wären es nicht die empfindlichen Geldstrafen…

Solche Regelungen treffen direkt in das Hundebesitzer-Herz, bzw. das Hundebesitzer-EGO. Sie können so weit führen, dass man in später Nacht mit seinem unangeleinten Begleiter mehrfach um die geschlossene Holzbehausung der Strandaufsicht tanzt, umgeben von Dutzenden und aber Dutzenden verdutzen sauberen Möwen, um im glatten Strandsand unzählige deutliche Pfotenabdrücke zu hinterlassen.

Ungeachtet solcher Tiefpunkte bietet wiederum der Hundestrand die Möglichkeit, dem Hundebesitzer-EGO etwas Gutes zu tun. Natürlich nur dann, wenn man auf der Gewinnerseite steht.

Man stelle sich daher bitte folgende Situation vor: An einem weitauslaufenden Strand – für Hunde und nur für Hunde – bei herrlichem Sonnenschein steht dieser einer Mamorstatue aus dem fernen Italien gleichende männliche Mensch. Seine straffe Haut ist unaufdringlich sonnengebräunt. Jede Bewegung legt ein vorher nicht dagewesenes Muskelspiel frei. Körperproportionen stehen im Einklang zu der sehr knappen Badehose, nein zu profan, zur Swimmsuite. Mit olympischen Bewegungsabfolgen befördert der Gottgleiche ein aus dem Versandkatalog für Hunde erstandenes Wurfgerät in das sich vor ihm erstreckende glitzernde Meer. Die Farbauswahl des Flugobjektes ist fein abgestimmt zum Hundehalsband des ebenfalls vor Muskeln strotzenden Hundes an seiner Seite. Sicherlich hat dieses Traumpaar auch denselben Friseur, in jedem Falle haben beide eine sichtliche Freude an der Präsentation des Werfens und Holens und Angesehen werdens und wieder Werfen und Holen und bitte noch einmal Angesehen werden. Dieses Schauspiel benötigt Platz, viel Platz und Raum, viel Raum und wertschätzendes Publikum, selbiges sogar bevorzugt in unbegrenzter Zahl.

Derartige Eitelkeiten interessieren aber keinen deutschen Teckel, denn der geht dahin, wo er will, bleibt wo er will und braucht dann noch mehr Raum.

Als Begleittross des Dackels folgt in unserem Fall der Rest des Rudels. Bepackt mit nicht farblich abgestimmten Taschen, mit nicht aufeinander abgestimmter Badebekleidung und schon gar nicht aufeinander abgestimmter Frisuren schlagen wir unser Strandlager auf.

Der Adonis mit Hund wirft währenddessen mit dem bleibenden Anspruch des Angesehenwerdens unbeeindruckt weiter. Unser Muttertier und Gattin ordert beim zweibeinigen Nachwuchs, nachdem alles Notwendige verteilt ist, bei der folgenden Wasserannäherung einen Stock für den Teckel. Der Nachwuchs schwärmt sofort sternförmig intensiv suchend aus. Das dabei zusammengetragene Strandgut fällt im Regelfall etwas überdimensioniert aus. Diesmal ist es eine über einen Meter lange Holzbohle. Frauchen baut sich unweit des Halbgottes auf. Die Größe des Wurfobjektes wird von Adonis mit einer angehobenen Augenbraue nebst verächtlich verzogenem Mundwinkel quittiert. Dabei fliegt das XXXXXL -Teckel-Stöckchen bereits in die Fluten. Der Teckel kennt seinen Auftrag. Nach wenigen Minuten ist Bohle mit Hund wieder bei Frauchen. Der Vorgang wiederholt sich mehrfach. Dabei sammeln sich in Anbetracht des Schwerlasttransportes zu Land und zu Wasser einige Bewunderer, die das kleine Schauspiel bestaunen, sogar beeindruckt kommentieren. Das Dream-Team von nebenan findet leider nur noch begrenzte Beachtung. Der neue Star vom Strandabschnitt heißt jetzt Teckel. Ohne Einheitsfrisur, ohne Markenspielzeug, einfach nur durch sein unbeeindrucktes Auftreten, seinen sich selbst überschätzenden Umgang mit Strandgut. Da wächst man selber in ungeahnte Höhen des Stolzes, um sich zum Loben, wieder ganz weit nach unten zu begeben. Dackel können eben alles.

Dackelfreunde bitte beachten: Wir sind nachts natürlich nicht am Strandwärterhäuschen gewesen, um Spuren zu hinterlassen. So etwas macht man nicht. Dackel tut dem eigenen EGO gut und an der Nordseeküste gibt es trotzdem ganz viele, ganz normale sympathische Tier- und Hundefreunde.

Dackel lieben Hotels und Hotelgäste lieben Dackel

Tagungshotels bieten durch ihre Größe den Vorteil, dass sie für sportlich Versierte über sehr lange Gänge verfügen. Diese bieten zudem durch brandschutzrechtliche Vorgaben auch eine entsprechende Breite, um mehreren „Läufern" nebeneinander Platz zu lassen. Nach den üblichen Formalitäten an der Rezeption haben wir en famille in einem solchen Domizil Station bezogen. Jetzt steigt die kribbelnde Vorfreude auf das zu erwartende Zimmer wie üblich ins Grenzenlose. Die kurze Fahrstuhlfahrt erhöht dabei die Spannung.
Endlich, ohne Startschuss nur durch das langsame Öffnen der gläsernen Türen, kann das Rennen „Ich bin Erster an der Zimmertür" beginnen. Teckel versteht dabei weder an der Rezeption noch durch unser Wiederholen der voraussichtlichen Zimmernummer wohin er soll. Ein klarer Startnachteil, womit das bevorstehende Rennen naturgemäß ungleich beginnt. Unser fellloser Nachwuchs kennt hingegen beim Start schon die Richtung und ungefähre Destination. Der „Befellte" verfügt aber über entsprechende ausgleichende Vorteile.
Also, die Fahrstuhltür öffnet sich behäbig. Kaum ist der Türschlitz dackelschulterbreit geöffnet, startet der erste Rennteilnehmer – zugegeben erst einmal ziellos. Bei Kinderschulterbreite folgt das zweite Feld. An deren Lauf-Richtung wird sich im Folgenden sofort ausgerichtet. Die ersten Sekunden liegen die Kinder kurzfristig vorn, doch dann, wenn die Richtung bekannt ist übernimmt Fritz die Führung. Langgestreckter Körper, fast eine Verdoppelung und das will bei einem Bauhund ja schon einiges bedeuten, Ohren durch die Geschwindigkeit tragflächenartig ausgebreitet und jede Muskelfaser angespannt. Alles ist darauf ausgerichtet, sich unter keinen Umständen überholen zu lassen.
Auch bei dieser Hotelzimmerannäherung haben die Zweibeiner keine Chance, einen Sieg davon zu tragen. Der gepäckbeladene Tross erreicht dann gefühlt einige Stunden später die finale Bettstatt, trifft auf ein keuchendes Knäul, um gemeinsam die Übergangshöhle zu beziehen.
Während die Einen sich um die Bettseiten streiten, sucht der Langstreckenchampion jede auch noch so kleine Ecke mit tiefer Nase auf dem Boden des Zimmers ab. Eine bessere Kontrolle der Reinigungskräfte gibt es übrigens nicht. Ist jemand in Hotels in puncto Sauberkeit besonders penibel, so sei ihm ein Teckel angeraten.
Das Such- und Streitritual lässt regelmäßig den elterlichen Trägern ausreichend Zeit, die Gepäckstücke zu verstauen und sich für den Aufenthalt einzurichten. Man ist angekommen.

In den Morgenstunden – ebenfalls ein weiteres Ritual. Der Rudelführer quält sich aus dem Bett, betet mehrmals ganz leise und nicht hörbar die Litanei herunter, dass doch eigentlich die beiden Dackel-Nebeneigentümer um diese Uhrzeit ihren Pflichten nachzukommen hätten. Die Versorgung des Vierbeiners sowie ein Spaziergang an der frischen Luft belebt, regt an und ist gesund. Morgens will aber niemand wirklich belebt, angeregt oder gesund sein. Man schläft nämlich so tief, dass ein Wecken entweder zu lange dauert, oder aber bei dem unschuldigen Anblick selbst bei Halbwüchsigen einfach sehr schwer fällt. Herr Dackel hingegen hat bereits zwei ganz intensive Male seinen Körper durch intensives Strecken erneut verdoppelt, dabei seinen Fang soweit aufgerissen, dass er im Zirkus hätte auftreten können und einen löwenähnlichen Gähner in den werdenden Morgen geschickt – Hier will jetzt jemand nur zwei Dinge, Nahrung und los.
Durch den metallischen Klang des Trockenfutters auf dem Boden des Napfes angelockt, wird dieser schneller als die Befüllung entleert. Dann sitzt man mit voller Körperspannung in Türnähe und stellt diesen auffordernden Blick ein – los, jetzt komm schon.
Herrchen zieht sich schnell an und los. Der erste Hotelgang wird wieder wie am Vortag in rekordverdächtiger Geschwindigkeit genommen, die Ecke zum Gang welcher zum Fahrstuhl führt mit Ideallinie geschnitten und dann sofort wieder äußerste Kraft voraus. Er weiß, Herrchen ist beim Hotelgangrennen kein Gegner, einfach nur ein Opfer.

An diesem Morgen sehe ich bei meinem großzügigen unsportlichen Bogen um die Ecke in weiter Ferne keine Staubwolke auf dem Hotelteppich sondern in mehr als vierzig Metern Entfernung Fritz vor einer Hotelzimmertür mit gekrümmten Rücken. Wahrscheinlich von dem in zarten Grüntönen mit einem Blättermuster versehenen Fußbodenbelag inspiriert, ist diese Körperhaltung eindeutig. Ein Abrufen um sechs Uhr in der Früh in einem belegten Hotel, nein unmöglich, wir wollen einen guten Eindruck hinterlassen.
Geistesgegenwärtig oder vielmehr angstgetrieben suche ich die Decke nach Videokameras ab – Fehlanzeige, noch bleibt alles unentdeckt. Es bleibt nun doch nur sportliche Betätigung – der kurze Sprint am Morgen ohne Kaffee im Magen. Um den Motor in mir zu starten, fehlt tatsächlich alles. Aber auch nicht wichtig, ich stehe schon vor der Hinterlassenschaft.
Man soll immer das Beste aus einer Situation machen, besagt ein Sprichwort. „Das Beste" kann es aber nicht sein, denn ich habe meine Jacke nicht mitgenommen, einfach vergessen. In der nicht vorhandenen linken Tasche befinden sich die jetzt lebenswichtigen Utensilien in Plastiktütenform, um hier für Ordnung zu sorgen, im Übrigen auch der Zimmerschlüssel. Familienfeiern mit Alkoholausschank können schwerwiegende Folgeprobleme bereiten.
Während ich im mechanischen Bereich meines Mittelhirns nach Lösungen suche, werde ich aus der Distanz von Fritz aufmerksam begutachtet und unmissverständlich auffordert, doch endlich zum Fahrstuhl zu kommen. Ja, Hund müsste man sein! Es hilft nichts, ich freue mich, dass wir keinen Schäferhund haben. Mit einem beherzten Griff ist der Teppichboden wieder in einem Top Zustand, nichts zu sehen. Unauffällig folge ich den erneuten Aufforderungen von Fritz.
Nirgendwo ein Mülleimer, eine Toilette, ich halte sogar nach einem Fenster Ausschau. Nichts, nur die schönen langen sauberen elegant ausgeleuchteten Gänge. Ich bemühe mich, nicht mit der rechten Hand zu verkrampfen, schön locker bleiben. Ist bald alles vorbei. Die Fahrstuhlfahrt dauert gefühlte Stunden. Dabei wird der typische Hotel-Raumduft, der in der Kabine wabbert, schnell durch den „Duft" des Inhalts meiner Hand verdrängt.
Da ich nur noch die erlösende Lobby erreichen möchte, lässt meine Aufmerksamkeit nochmals weiter nach. Der gläserne Fahrstuhl hätte nämlich die Möglichkeit geboten, die im Lobbybereich eintreffende Reisegruppe zu sehen.
Die Türen öffnen sich, Fritz verlässt den Fahrstuhl, ich verlasse den Fahrstuhl. Der Weg zu der nahe der Bar gelegenen Toilette ist durch eine breite Front von asiatischen Damen versperrt. Fritz bleibt versteinert stehen, ich bleibe auch versteinert stehen, nicht alles versteinert in diesem Augenblick, leider.

In einem ohrenbetäubenden Stimmengewirr aus sympathischen Lachern, Gegluckse und Gejuchtse verweigert uns die Menschenwand das Weiterkommen. Unvermittelt löst sich aus der lebhaften Gruppe eine der Damen. Mit kleinen Schritten tippelt sie auf mich zu. Welch ein Segen, dass es auf der anderen Seite der Weltkugel den Händedruck nicht gibt. Sie verneigt sich und fragt in fast akzentfreiem Deutsch, ob man den Hund fotografieren oder noch besser auch anfassen darf. Natürlich darf man entgegne ich. Das kennt der schon von der Loire. Dabei verschränke ich schnell meine Arme auf dem Rücken. Jetzt aus Ärger bloß nicht die Faust ballen.

Die menschliche Sperre löst sich blitzschnell auf. Fritz wird umringt, schaut mit größter Gelassenheit in die vielen Mobiltelefone und benimmt sich vorbildlich. Ja, Sozialisation des Vierbeiners ist alles. Genauso schnell wie er begonnen hat, ist der Spuk auch vorüber. Verabschiedung, eine weitere Verbeugung und schnell in Richtung Toilette an der Bar.

Als die schwere Tür der gepflegten Sanitärräume hinter mir ins Schloss schnappt, kann der Spaziergang in gelassener Form vorgenommen werden. Mehrfach begrüße ich andere Hundebesitzer an diesem Morgen mit wechselnder Hand – Ein befreiendes Gefühl.

Dackelfreunde beachten bitte: Auslegeware in Hotels mit Naturmustern können auf Teckel stimulierend wirken. Man nehme bei Hundespaziergängen immer seinen Hotel-Schlüssel mit. Und es ist herrlich, beide Hände unbeschwert zum Grüßen zur Verfügung zu haben.

Auch Dackel brauchen Dokumente

Grenzkontrollen innerhalb Europas gehören eigentlich der Geschichte an. Es gibt keine gestreiften Schlagbäume mehr, korrekt dreinblickende uniformierte Grenzer, die Reisende sowie deren Fortbewegungsmittel durchsuchen, sind eine Seltenheit. Seit langem existiert der mit einem knallenden Schlag in einen Reisepass gesetzte Stempel nicht mehr.

An den Landesgrenzen braucht man keine Wartezeiten einzuplanen. Es reicht die mit freundlichen Sternen auf tiefblauem Grund versehenen Schilder zu passieren, die den jeweiligen Grenzübertritt markieren. Dieses hochwertige Stück Blech signalisiert, jetzt ist man woanders. Manchmal merkt man vor lauter Konzentration auf den Straßenverkehr gar nicht, dass man schon woanders ist.

Nachdem wir, von dem intensiven Möwengeschrei begleitet, die behäbige strahlend weiße Autofähre verlassen hatten, war es diesmal aber anders anders. Einmal war es anders, weil Fritz seine erste Fahrt mit einem schwimmenden Untersatz mit sichtlicher Freude bestanden hatte. Dann war es anders, weil die freundliche nordisch gut aussehende schwedische Grenzerin nicht nur die Nachweise und damit Daseinsberechtigung verlangte, dass es die im Auto befindliche Familie auch gab. Nein, sie hatte auch den im Fußraum friedlich ausharrenden angegurteten Teckel entdeckt. Der Impfausweis war nun noch das letzte Stück behördliche Begehrlichkeit, die uns daran hinderte, unsere Fahrt gen anders fortzusetzen. Ich hatte das mittlerweile ebenfalls blaue Dokument natürlich im Rahmen der Kurzreisevorbereitung bereitgelegt. Wir hatten intensiv alle notwendigen Voraussetzungen im Internet studiert, um den Vierbeiner gen Norden mit zu nehmen. Jetzt in diesem Augenblick war mir jedoch der genaue Platz der Aufbewahrung des amtlichen Nachweises nicht mehr gegenwärtig. Dies war nicht nur ungünstig, weil die eng geschriebenen technokratischen Passagen genau definiert hatten – kein Impfpass, kein Hund ins Land der Elche.

Ungünstig aber auch, weil unser Kofferraum unter Taschen und Bettzeug einen undurchdringlichen fest ineinander gefügten Block bildete. Also ging die Suche in den Untiefen des Kofferraumes los. Nicht in der Tasche, in der daneben auch nicht, auch nicht in der Aktentasche. Also doch halb unten, vielleicht mittendrin bei den Tagebüchern. Irgendwo musste er sein. Nach unzähligen Griffen hielt ich das ersehnte Dokument triumphierend in die Höhe. Da war er, gefunden, alles gut. Während ich das Heftchen entspannt präsentierte und der jungen Dame in die Hand drückte, schaute sie an mir mit einem misstrauischen Blick vorbei

in den Kofferraum. Nein, wir brauchen jetzt nicht nach verstecktem Alkohol zu suchen. Auch diese Zeiten gehören wie die Grenzen der Vergangenheit an. Die Einfuhrmengen gen Norden sind mittlerweile sehr großzügig.
Meine bewusst selbstsichere Aufforderung, ob jetzt alles in Ordnung sei, lenkte ihr Tun wieder auf das vermisste Dokument. Pässe waren alle o.k. aber der Impfpass schien noch einiges an Kontrollpotential zu bieten. Das Blättern begann. Irgendwie haben Grenzer bzw. Grenzerinnen die Gabe, in ganz besonderer Weise zu blättern – nämlich sehr langsam, sehr bedächtig. Das erzeugt, jedenfalls bei mir als Zuschauendem ein unglaublich schlechtes Gewissen, selbst wenn es nichts zu verbergen gibt.
Die Kinder als auch Fritz fanden alles nur interessant und begutachteten die Situation mit tiefgründiger Gelassenheit inklusive treuem Dackelblick. Auch, als die Grenzerin bestätigte, dass Impfvornahme und Zeitpunkt der heutigen Reise nicht den vorgeschriebenen Fristen entsprachen, wurden die möglichen Folgen von allen Lebewesen unter 130 cm Körpergröße nicht richtig erfasst. Mit der getätigten Feststellung gab es eigentlich nur die Option der direkten Rückreise, denn unseren Vierbeiner würden wir auf keinen Fall hier in einer Quarantänestation zurücklassen.
In dieser Schreckenssituation, sozusagen in letzter Not, erinnerte ich mich an eines der überzeugendsten Dackelattribute – des durchdringenden herzaufweichenden legendären Dackel-Blicks. Also unvermittelt die Beifahrertür auf, Hund abgeschnallt auf den Arm und es dem Vierbeiner nach bestem Wissen und Gewissen nachtun. Dackelblickeinschalten von uns Beiden. Während ich, ich weiß nicht mehr was, redete, war die Uniformierte dieser Blickwelle ungeschützt ausgesetzt. Nach einer kurzen Unendlichkeit gab die schwedische Grenzschützerin schließlich nach. Der Dackelblick-Hypnose-Schub hatte gewirkt. Psychologisch betrachtet, hatte sie ja auch keine Chance gehabt. Sie beratschlagte sich kurz mit einem ergrauteren Kollegen, sie klärte uns über einen Ermessensspielraum auf. Sie würde uns ungerne im Sinne der Kinder die Urlaubsreise verderben, es seien ja auch nur einige wenige Tage die fehlten – Aber wir sollten…

Dackelfreunde beachten bitte: Impfungen sind wie Zähneputzen – Bitte nicht vergessen und regelmäßig durchführen. Reisedokumente immer greifbar haben, das verhindert Verzögerungen. Und der Blick eines Dackels bringt auch die willensstärksten Gegenüber/innen zu Fall.

Halsband und Leine, eine gebotene Pflicht mit Tücken

Einen Menschen an die Kette legen zu müssen, ist eine höchst unschöne Vorstellung! Bei einem Hund ist es aber an einigen Orten unverzichtbar, weil einfach per Gesetz vorgeschrieben, zwar nicht unbedingt an eine Kette, so doch mindestens an die Leine. Ob zu den Brut- und Setzzeiten der Wildtiere in Feld und Wald oder in der Innenstadt, der Gesetzgeber möchte den Vierbeiner unter vermeintlicher Kontrolle seines Halters wissen. Diese Regeln finden hinlänglich Beachtung und werden auch kontrolliert.
Dabei gibt es keine mir bekannten Ausnahmen, jedenfalls nicht in Deutschland. An verschiedenen Atlantikzugängen unserer lebensfreudigen Nachbarn in Frankreich sieht das schon anders aus. Dort, wo der Genuss von Nikotin in Bistros und Cafés zwar flächendeckend offiziell verboten ist, wird ebenso oft direkt unter entsprechenden gut sichtbaren Schildern geraucht. Hunde-Anlein-Schilder ereilen dasselbe Schicksal, in direkter Nähe ist sehr regelmäßig eine großzügige Missachtung ohne Widerspruch festzustellen. Da wir aber nur in der Sommerfrische Atlantikzugänge genießen können, bestand die zwingende Notwendigkeit, sich mit Leine und Halsband in heimischen Gefilden auseinanderzusetzen!

Ob ein Dackel nun mit einem Halsband oder einem Geschirr versehen sein sollte, wird unter den Fachleuten eifrig diskutiert. Dies soll bitte selbstständig abgewogen bzw. entschieden werden. Fritz als neues Familienmitglied erhielt jedenfalls analog zu Taufgeschenken unseres Nachwuchses eine Vielzahl derartiger Utensilien aus unserem näheren Umfeld geschenkt.
Übrig blieb in der täglichen Nutzung ein ganz normales Lederhalsband und eine ganz normale Leine, ebenfalls aus Leder. Dies ohne Schmuck und ohne auffallende Farbe, ohne Personalisierung, einfach so nur braune gefärbte Tierhaut mit Schnallen und Karabiner. An selbiger Leine hing natürlich vom ersten Tag an die staatliche Alluminiumverzierung, die zeigt, dass die ordnungsgemäße Steuer für ihn entrichtet wird. Hier haben die Ordnungshüter nur einen kleinen verwaltungstechnischen Fehler gemacht. Die Anatomie des Kurzbeiners sorgt nämlich nach völlig sachgerechter Verwendung der Steuermarke dafür, dass diese sehr schnell gar nicht mehr zu lesen ist. Sie schleift nämlich regelmäßig auf dem Boden und ist bald nur noch blankes, glänzendes Alu. Es lohnt sich daher, bis zum Neuerhalt ein Foto des Originals auf dem Mobiltelefon bei sich zu führen.
Aber zurück zu Leine und Halsband. Mit der beschriebenen Ordnungsdistanzkontrolle befanden wir uns froh und zufrieden nach einer längeren Wanderung

im Mittelgebirge Harz in einer Gastwirtschaft. Die Familie erfreute sich an der verdienten Stärkung nach anstrengendem Marsch auf Schusters Rappen. Fritz hatte selbstverständlich Wasser und ebenfalls Nahrung erhalten. Es ging allen Beteiligten einfach rundherum gut.
Nach genussvoller Zeit fiel uns in einiger Entfernung ein Hund auf der benachbarten Wiese auf. Mit der Nase auf dem Boden suchte dieser das weitläufige Areal ab, verweilte, suchte weiter, alles in einer beachtenswerten Seelenruhe. Es war tatsächlich ebenfalls ein Dackel, den wir da gemeinsam beobachteten. Wir gerieten zwischen Ausruhen und Kaffee und Kuchen regelrecht ins Schwärmen ob der Farbe, ob der Form und ob des allgemeinen Aussehens. Wir steigerten uns sogar bis zu einem gewissen Punkt regelrecht ins Schwärmen. Natürlich sah „der da" nicht ganz so gut aus wie Fritz – wie auch – aber doch schon ganz schön dicht dran. Nach all den positiven Bewertungen, die ungeordnet über den Kaffeetisch ausgetauscht wurden, ließen wir uns sogar dazu verleiten, ganz der Leinenpflicht im Bereich der Wirtschaft verpflichtet, darüber aufzuregen, wie man denn einen Hund hier so einfach ohne Leine herumstreunen lassen könne. Erlaubt sei das jedenfalls nicht, nein, es war zu der Zeit sogar verboten.
Nun, wir sind ja auch keine Franzosen, also war diese Feststellung in jedem Falle richtig.
Bis, ja bis Philipp völlig trocken bemerkte, dass der da übrigens Fritz sein müsste. Ein sofortiger kollektiver Blick unter den Tisch, wo unser Fritz sich eigentlich befinden sollte, ließ lediglich den Blick auf ein sauber durchgekautes Leinenende zu. Über welch effektive Kaumuskulatur unser Dackel doch verfügt. Ebenso kollektiv verließen wir unseren Tisch vorübergehend, schwärmten aus und wurden schnellstmöglich dieses unerlaubt nicht angeleinten Dackels auf dem Nachbargrundstück habhaft.
Wenig später haben wir zur Vermeidung eines weiteren rechtswidrigen Unterlaufens der Leinenpflicht eine Leine mit bissfester Metallkette angeschafft. Fritz hat deshalb trotzdem noch alle Zähne im Fang. Das zwischenzeitliche An-die-Kette-legen hat seine Wirkung getan. Wir können mittlerweile völlig entspannt fremde Hunde in der Ferne betrachten. Des Weiteren hat unser Opa die neue/alte Leine fachgerecht geflickt. So erkennen wir diese auch unter Tausend anderen Leinen wieder.

Die beste Leine nutzt aber nichts und führt zur erneuten Missachtung der Vorgaben der Ordnungsbehörden, wenn man sie nicht fachgerecht befestigt.
Es war nach einer längeren Autofahrt mit dem Ziel, einer größeren Feierlichkeit

beizuwohnen. Der Auslauf war für alle Beteiligten zu kurz, wir beinahe zu spät, alles war zeitlich etwas anders gekommen. Und so musste unser Vierbeiner einmal mehr unter dem mit Leinen (also dem Stoff) gedeckten Tisch, diesmal dem eines Landgasthofes, ohne sinnvolle Betätigung ausharren. Hinlänglich geschlafen hatte er schon während der Anreise. Wir hatten ihn pflichtbewusst mit Leine an einem Stuhlbein befestigt und lauschten den freundlichen und langen und wieder kurzen und wieder freundlichen langen Ansprachen der Feierlichkeit. Für uns schon ohne Leine und Halsband ein etwas zähes Unterfangen, wie sollte sich Fritz erst fühlen? Zumal jetzt noch außerplanmäßig weitere Geschenkübergaben und weitere Reden folgten.

Ein Raunen durchzog die leicht ermüdete Zuhörerschaft, als eine der letzten freistehenden Reden durch das erschrockene Juchzen der Vortragenden unterbrochen wurde. Unter dem ausladenden, mit vielen welligen Stofffalten versehenen Kleid tauchte nämlich für alle gut sichtbar ein Dackelkopf auf. Die Nase, Augenpartie und vordere Hälfte des Kopfes waren frei. Während dieser Frontalanblick Witwe-Bolte-Aussehen ähnelte, sorgte das kräftige Schwanzwedeln dafür, dass der rückwärtige Teil des Kleides in wallende Bewegung versetzte wurde. Der Gesellschaft bot sich ein wirklich bewegendes Bild.

Ein aufgeregter Blick in unsere Richtung und die Bitte, doch unseren Hund an die Leine zu nehmen, konnten wir nur bedingt Folge leisten. Auf Zuruf und nunmehr unter großem Gelächter kam Fritz mit Halsband und Leine zu unserem Tisch. Nach dem Gesetz war er angeleint, nur eben nicht ordnungsgemäß befestigt gewesen. Also so richtig falsch gemacht hatten wir eigentlich nichts. Außerdem gab es endlich Essen und den lang ersehnten Spaziergang – selbstverständlich angeleint!

Dackelfreunde beachten bitte: Man sollte sich niemals abfällig über andere Hunde äußern, denn es könnte der eigene sein, und Dackel können auch angeleint Feierlichkeiten mit langatmigen Reden und Geschenkübergaben beenden, damit endlich das Essen serviert wird. Hilfreich wäre es, diese Interruption auf Kommando vornehmen zu lassen.

Kein Jagdhund? – Sondern ein Kommunikationsmittel

Auch wenn alle Welt über das fehlende Maß an Fingerspitzengefühl beim zwischenmenschlichen Kommunizieren klagt, insbesondere sich über den zwar nebeneinander sitzenden, aber nur über Mobiltelefon-Nachrichten austauschenden homo sapiens heutzutagis aufregt, so ist der Dackel nach unseren bisherigen Erfahrungen genau das passende Gegenmittel bzw. statthafter Anreiz für persönliche Kommunikation.

Zunächst lenkt er durch seine Beharrlichkeit regelmäßig den eigenen Nachwuchs von der Nutzung der Handys ab. Dann steht die Akkuladung beim „Hot Dog" immer auf 100%, meistens sogar darüber. Einzige Ausnahme, wenn er tief und fest, dabei gleichmäßig atmend auf dem Rücken liegend oder eingerollt schläft. Er benötigt kein Ladekabel, lädt seine PowerBar selbstständig in der Sonne oder auf warmem Untergrund auf. Mit der anfallenden Hundesteuer liegt er weit unter einem flat-Tarif der gängigen Telekommunikationsunternehmen. So viel zur Hardware.

Bei den Dackel-Softskills verbreitet die Wirkung von strammer Schrittfolge durch ausreichend lange Beine, knackig wackelndem Hinterteil, beherrschbarer Körpergröße und dem legendären Blick eine ganz besondere Aura auf zweibeinige Mitmenschen. Die Museumsleitung des ersten Dackelmuseums in Passau geht sogar noch weiter. Sie spricht von einem Lebensgefühl.

Dieses Lebensgefühl sorgt jedenfalls ganz regelmäßig bei Spaziergängen in unserem Stadtteil dafür, dass vor lauter Dackel selbst der Gruß mittels Familiennamen entfällt. Das liegt daran, dass bei einem Aufeinandertreffen auf dem

Bürgersteig Fritz als erstes begrüßt wird. Nach einem ausgiebigen Abliebeln erfolgt parallel der Kommunikationsbeginn mit uns. Wer braucht da noch eine Anrede mit Familiennamen. Wir sind einfach DIE mit dem Dackel Fritz. Nicht DER gehört zu uns, wir gehören zu DEM.

Die-mit-Fritz haben aber neben diesen unvorhersehbaren unzähligen Kommunikationszusammenkünften auf offener Straße oder sonstwo, auch feststehende Kommunikationsstrecken.
Ein ganz normaler Samstag zu einer ganz normalen Zeit beginnt mit dem Verlassen der Wohnung. Ein kurzer Fußmarsch und schon wird in den Blumenladen mit den schönsten Blumen abgebogen. Hier darf sich Fritz, egal welche Menschenmenge sich zwischen dem herrlich duftenden Blumen- und Pflanzenmeer befindet, an die Kasse vordrängeln. Nach eingehender Begrüßung verteilt der an der Kasse stehende Meister der Floristik aus der großen silbernen Dose ein Leckerli, welches dankend verschlungen wird, um ebenso schnell wieder bei uns auf dem Bürgersteig zu stehen. Fünfhundert Meter weiter befindet sich ein Bistro mit dem besten Kaffee der Welt. „Same procedure", durch die Tür hinter die Theke, herzliche Begrüßung und entweder Pause mit Kaffee für uns oder weiter. Weiter gleich nebenan, zum besten Buchladen. Hier besteht ein fester Anspruch auf intensive Liebe von den sympathischen Anhängerinnen guter Literatur. Ein kurzes Verweilen zwischen all den nicht essbaren Lesefreuden, schon geht es wieder weiter. Die Post bildet den „städtischen" Abschluss. Es mag daran liegen, dass es nur noch wenige Postbeamte gibt, aber sämtliche Mitarbeiter unserer Postagentur werden nicht in die Waden gebissen, sondern ebenfalls einmal freundlichst begrüßt. Nach erfolgtem anschließenden Waldrundlauf geht es gen Heimat, geht es nach Hause mit dem letzten festen Kommunikations-Stop. Wenn die Gartenpforte und die Haustür unserer Überüberüberüber-Nachbarn offensteht, wird ohne zu warten das Treppenhaus gestürmt. Während wir aus dem geöffneten Küchenfenster ein kurzes Hallo oder auch mehr erhalten, hat der erlaubt Hausfriedensbruch begehende Kommunikator sein letztes Leckerli abgestaubt und ist jetzt nach so viel Kommunikationsvermittlung reif für den Vormittagsschlaf in seinem Körbchen.
Den beachtlichsten Kommunikationserfolg hat Fritz jedoch bei einer mir seit Jugendbeinen an bekannten Dame erwirkt. Meine Eltern haben mir einmal eindringlich eingeschärft, jeden Menschen freundlich zu grüßen. Diesen Ratschlag habe ich bei besagter Dame sicherlich mehrere tausend Mal berücksichtigt und NIE, wirklich NIEMALS auch nur eine Silbe der Erwiderung erfahren. Sie war

in jeder Lebensphase eine stattliche Erscheinung, eine wirkliche Dame im Wortsinn. Ihre Garderobe immer passend von höchst elegant bis sportlich, schick der jeweiligen Situation angemessen. Das Bild wurde durch eine Frisur abgerundet, die bis zur letzten Strähne immer perfekt aussah, jedem Wetter trotzend. Natürlich habe ich mit eigenem voranschreitendem Alter den ausgegebenen Erziehungsratschlag nicht mehr berücksichtigt. Es hatte sich für mich nach all den Bemühungen ausgegrüßt.

Mit einem einjährigen Fritz an der Seite begegne ich bei kühler Frühlingsluft im Wald jener Nichtgrüßerin. Wir nähern uns, halten Distanz und plötzlich entbietet diese mit klarer feiner Stimme einen guten Morgen. Also so einen richtigen Gruß, wie er sich gehört. Aber nicht nur das, noch mindestens achtzehn Sätze über unseren Fritz folgten. Es waren gesprochene Worte und freundliche dazu. Seitdem werde ich sogar auch ohne Fritz gegrüßt und grüße zurück. Nur wenn Fritz mich begleitet, fallen erneut um die achtzehn Sätze zu und über unseren Teckel.

Ein richtiger Kommunikator wie ein Dackel schafft demnach auch die härtesten Fälle.

Dackelfreunde beachten bitte: Teckel können zwar selber nicht sprechen, bringen aber Menschen unterschiedlichster Couleur ohne Verhörlampe – mal mehr, mal weniger – zum Kommunizieren. Und der Besuch des ersten Dackelmuseums in Passau lohnt sich für jeden Dackelfreund oder der es werden will.

Hundeführer führen Hunde, es sei denn …

Die große Möbelhauskette aus Skandinavien bietet neben der Möglichkeit, bei jedem Besuch Kerzen und Servietten zu kaufen, auch die Möglichkeit, großflächige Aufnahmen von einem besonderen Schwedischen Feiertag anzusehen. An dem Tag haben alle Schweden frei. Man trifft sich im Kreise der Familie oder mit Freunden oder mit Familie und Freunden – und mit Hunden. Wir sind zwar keine Schweden, haben dort keine Familie, aber ein Studienkollege verfügt über alles Vorgenannte. Eine jährliche Einladung mit Kindern und Hund ist daher schon fest in unserem Familienkalender eingeplant. Da eigentlich jeder Untertan des Königreichs über ein Ferienhaus verfügt, feiert auch Niklas nebst Familie und Freunden an der Ostküste von Schonen ein „Midsommarfest".
Fritz hatte die Fähre sowie den Zoll überstanden. Während der Anfahrt genossen wir die abwechslungsreiche Landschaft, Fritz klebte wie üblich mit seiner Nase an der Scheibe oder dem Belüftungsschlitz des Volvos, um ebenfalls nichts Aufregendes zu verpassen. Der Duft von Birken, Heidekraut, Heidelbeeren, Nadelbäumen, Meer und Grillwaren begrüßte uns auch bei dieser Ankunft. Alle raus aus dem Auto für eine herzliche Begrüßung auf Deutsch und Englisch und mit Händen und mit Freuden. Dann stand ein Wochenende in ganz ungewohnter Form bevor. Es gab keinen Zeitplan. Das Abendessen – ohne Uhrzeit, Baden – ohne Uhrzeit, Frühstück – ohne Uhrzeit, sportliche Aktivitäten – ohne Uhrzeit, Aufstehen und für die Kinder besonders erfreulich, ohne Uhrzeit ins Bett zu gehen. Fritz – ohnehin ohne Zeitplan– ist das gleichgültig, denn er kann sich hier ohne Leine bewegen. Er unternimmt seine kleinen und großen Erkundungstouren, sucht sich den wärmsten Schlafplatz, dann natürlich ein Opfer, das seinem Dackelblick nicht widerstehen kann und ihn ohne Uhrzeit mit Leckereien versorgt.

An Midsommar selber besteht der Tag aus Spielen, an denen Jung und Alt und Hund gleichermaßen teilnehmen. Dann wird der Midsommar-Baum unter Hilfe aller Beteiligten aufgebaut bzw. durch die anwesenden Hunde immer wieder zu Teilen abgebaut. Musik, Singen und Tanz oder schwanzwedelndes Umspringen des Baums werden von einem Essen gekrönt, bei dem wiederum viel gesungen wird. Um die vielen Köstlichkeiten, insbesondere die unzähligen Varianten von Hering auch gesundheitlich zu vertragen, wird der eine oder andere Schluck Alkohol getrunken. Bis spät in die Nacht und je nach Konditionierung bis in die Morgenstunden vollzieht sich ein ausgesprochen geselliges Treiben. Es sei denn, die Weltmeisterschaft oder Europameisterschaft im Fußball fällt mit einem Spiel der Schweden gegen eine andere Nation auf dasselbe Wochenende. Wird gewonnen, wird weitergefeiert, wird verloren, wird auch weitergefeiert, aber etwas gedämpfter. Fritz spielt keinen Fußball, es hat ihn nie betroffen.

Ohne Vorgabe einer Uhrzeit vollziehen sich natürlich auch die notwendigen Spaziergänge mit dem Vierbeiner. Ich unternahm einen solchen zunächst zum nächtlichen Strand und dann zurück durch die großzügigen Waldflächen. Fritz blieb bei diesem gemeinsamen Weg auffällig dicht an meiner Seite. Er sicherte regelmäßig, ob ich auch folgen würde, blieb sehr oft stehen, um mein Kommen abzuwarten.

Die ureigenste Aufgabe eines Hundeführers ist es, seinen Hund zu führen! Da war jedoch in jenem Augenblick, als ich auf den wieder einmal auf mich wartenden Hund stieß, nicht daran zu denken. Führen konnte ich natürlich noch, aber wohin sollte ich führen? Ehrlich gesagt, wusste ich gar nicht mehr, wo ich war. Ich wusste nur, dass man sich von einem Elch mehrere Wochen ernähren kann. Dessen Decke bietet zudem bestes Material für Bekleidung. Rentiere sind übrigens auch gut geeignet, um ein Überleben in der Wildnis ohne Kontakt zur Zivilisation zu sichern. Überleben würde ich also können.

Ich kann Karten lesen, Fritz leider nicht, ich kann mich auch orientieren, Fritz auch, aber da gab es zugegebener Weise eine ganz andere Einschränkung: Es war die Wirkung des Singens, vielmehr der vielen hochprozentigen Heringsbeseitiger, die mich als Männlein im Walde stehen ließen.

Also versuchte ich mit den verbleibenden Möglichkeiten einen Weg zurück zu finden. Die zunächst eingeschlagene Richtung war aber nicht der Weg zurück, es war eine neue Richtung. Fritz folgte. Ein weiterer Richtungswechsel führte ebenfalls nur zu der Erkenntnis, dass es dort ganz schön viel Wald gab. Also wieder ein neuer Versuch, eine weitere neue Richtung und sicherlich noch einige mehr. Fritz folgte immer brav in kurzer Distanz. Aber, außer Wald und Heidelbeeren hatte sich an der orientierungslosen Gesamtsituation nichts geändert. Es gab zu viele Richtungen!

Während ich kurzfristig pausierte, um weitere Gedanken über Elche im Generellen und deren Nutzen im Speziellen anzustellen, war es der vorsichtige, feuchte und sehr sanfte Nasenstupser auf Knöchelhöhe, der mich auf die naheliegendste Idee brachte.

Fritz hatte keinen Hering gegessen, er konnte sich noch orientieren. Behutsam legte ich dem aufmerksam dreinschauenden Vierbeiner die Leine an. Wir waren bereit. Nach einem „Such Katharina und Philipp“ gab es ein kleines Zögern, doch

dann ging die Schlittenfahrt ohne Schnee los. Der ein oder andere Baumstumpf, an dem ich hängenblieb, verzögerte das Vorankommen, aber es ging voran. Ich hätte den von meinem eifrigen Führer eingeschlagenen Weg niemals gefunden. Er brachte mich aber zielsicher bis zu dem Punkt wo meine Füße „festen Untergrund" spürten. Von dort hörte ich erleichtert aus einiger Entfernung die vertrauten Singstimmen. Er hatte es sauber gemeistert, der „Herrchenführer".
Elch und Rentier waren vergessen, wir erreichten ohne Zwischenfall das einsame Ferienhaus und die ausgelassene Gesellschaft. Niemand hatte uns vermisst, Fritz begrüßte seine Suchvorgabe Katharina und Phillip und bekam einen Knochen. Nur die Gattin wunderte sich, ohne weiter nachzufragen, über meine durch die Äste zerkratzten Waden sowie Unterarme. Ich fragte nach der Uhrzeit, um zu wissen, wie lange wir fortgewesen waren.

Dackelfreunde beachten bitte: Die Mitnahme von Orientierungshilfen ist nur anzuraten, wenn man sie auch einzusetzen weiß. Schwedischer Wald ist grundsätzlich schön, müsste nur nicht so viele Bäume haben. Und Dackelnasen können sehr inspirierende Wirkung haben.

Der Jagdhund heißt Jagdhund, weil Jagd in ihm drin ist

Jedes Fleckchen Erde in dieser Republik das bejagbar ist, wird von einem oder mehreren Jägern betreut. Dieses sogenannte Revier muss mindestens eine gesetzlich festgelegte Größe von 75 ha umfassen oder größer sein.
Im täglichen Leben unterliegt der durchschnittliche Jäger einer Vielzahl von gesetzlichen Regelungen nebst Verordnungen, die ihm klar vorgeben, was er tun kann und was nicht und auch, was er tun muss. Bis auf eine überschaubare Anzahl von Berufsjägern gehen die meisten Grünröcke der Jagd in ihrer freien Zeit nach, vornehmlich, weil es ihnen Freude bereitet, sie großen Spaß an der Ausübung dieses Handwerks haben.
Die behördliche Qualifikation, eine unumgängliche Voraussetzung, erreichen sie zunächst durch einen Vorbereitungskurs mit Prüfung in Form eines Zeugnisses, das sie berechtigt einen Jagdschein zu lösen. Zum Jäger, im Sinne des Wortes, wird man aber erst durch gesammelte Erfahrungen in der Praxis. So viel in aller Kürze zur Jagd in Deutschland.

Einen ganz wichtigen Teil bei der Jagdausübung nehmen die Jagdhunde ein. Es sind die unentbehrlichen, unermüdlichen und ausgesprochen engagierten Helfer in allen Lebenslagen. Unsere Vorfahren haben dies zum Glück früh genug erkannt. Deshalb gibt es so viele Spezialisten unter den Vierbeinern für die unterschiedlichsten jagdlichen Verwendungen. Alle für sich jeweils eine Besonderheit. Ausnahmetalente wie die Schweißhunde, hier geht es nicht um Körperflüssigkeiten, die T-Shirts färben, sondern um den aus der Jägersprache stammenden Begriff Schweiß für Blut, erbringen mit ihren Nasen zum Beispiel Höchstleistungen. Die vielen unglaublichen Geschichten von Schweißhund-Nachsuchen sind hören- und lesenswert, weil manchmal einfach schier unglaublich. Diese Hunde gehören natürlich nur in ausgesuchte Hände, um eine optimale Verwendung ihrer Fähigkeiten zu gewährleisten. Sie würden ja schließlich auch nicht auf die Idee kommen, sich mit einem Formel-Eins-Wagen in die Sommerfrische zu begeben. Die Kinder hinten auf dem breiten ausladenden Spoilern platziert, sowie das Gepäck über dem schlanken Rennwagenrumpf hängend. Kaum sinnvoll praktikabel, ein Rennwagen gehört eben auf die Rennstrecke und ist für Rennen gemacht.
So darf man bitte nicht verwundert sein, wenn Züchter ihren Nachwuchs nur in ausgesuchte, vielleicht sogar ausschließlich fachkundige Hände, bzw. in ein Umfeld abgeben wollen, das den entsprechenden Neigungen des jeweiligen Hundes

entspricht. Wo der Vierbeiner vor allen Dingen regelmäßig zur Ausübung dieser Neigung kommt. Ein Dackel ist und bleibt trotz seines Blickes, trotz Kindchenschema, trotz seines Aussehens ganz tief in ihm drin immer ein Jagdhund. Darüber sollte man sich im Klaren sein.
Er ist primär Bauhund, mag also alles unter der Erde, ist aber ebenso als Generalist anzusehen. Er deckt mit seinen Fähigkeiten viele Bereiche des jagdlichen Alltags ab. Er ist zäh, er ist robust, er ist begeisterungsfähig. Er ist nicht sooo schnell, dem sich überirdisch bewegendem Wild allzu nah auf den Pelz zu rücken, aber laut genug um es in Bewegung zu bringen. Er kann nachsuchen, er beherrscht Wasserarbeit, er kann stöbern. Außerdem ist er bei kalten Temperaturen auf dem Schoß sitzend oder besser noch liegend der angenehmste Wärmespender, ganz ohne Benzinofen oder Kohlestäbchen und dabei sehr handlich.

Erstaunlich ist die chamäleonhafte Gabe der Verwandlung vom Familienhund zum Jagdhund und wieder retour. Wenn man ihn verträumt, verschlafen, verspielt im Rahmen der eigenen Sippe erlebt, geht man davon aus, das dieses befellte Familienmitglied keiner Fliege etwas zuleide tun würde. In der freien Natur zum richtigen Zeitpunkt im regelrechten Jagdfieber erlebt man ein rauflustiges, nur auf das Wild konzentriertes, seine eigene Gesundheit missachtendes Kraftbündel mit ungewohnter Ausstrahlung uneingeschränkter Aggression. Ist der jagdlich vorbelastete Teckel in Wald und Flur, will er seinen Jagdtrieb ausleben. Daher steht ihm dies auch zu. In den eigenen vier Wänden ist er dann wieder lammfromm mit ganz großen Augen.
Der Familienrat hatte in unserem Fall von Anfang an die Doppelnutzug im Blick gehabt – Hälfte Familienhund und Hälfte Jagdhund. In der Familien-Praxis wurden mir von unserem Nachwuchs, den heranwachsenden Rücken komplett durch die Gattin gestärkt, mehrere vertragsähnliche Schriftsätze zum Unterzeichnen vorgelegt. Eine Magna Charta meiner Nutzungsrechte, aber auch Ankündigungen von Folgen bei Verstößen gegen diese Nutzungsrechte. Glücklicherweise ist bisher keine der drakonischen Strafen zur Durchführung gekommen, wie z.B. der abschließende, endgültige Hausverweis bei Rückkehr ohne Hund oder Zufügung von Verletzungen identisch mit solchen, die dem Jagdteckel Fritz bei der Ausübung seiner Leidenschaft widerfahren könnten.
Grundsätzlich stört all das unseren Dackel in keiner Weise. Er führt einfach ein ausgewogenes, scheinbar zufriedenes Doppelleben zwischen Stadt, Land, Fluss.

Eines ist nur aufschlussreich zu beobachten. Wenn der Chef (noch einmal zur Klarstellung, damit bin ich gemeint) mit Hund aus dem Wald zum Rudel zurückkehrt – und beachtlicher Weise nur in dieser Situation – dauert es bei der Gattin einen Hauch, bei den Kindern hingegen einige Stunden bis wieder Ordnung im Sinne einer klaren Hackordnung herrscht. Frei nach dem Motto: Ich Hund war jetzt mit dem Rudelführer in der weiten Welt unterwegs, deshalb habe ich jetzt auch einen neuen Platz im Rudelgefüge, beachtet das bitte – alle!
Keiner beachtet es bei uns. Deshalb ist auch nach einigen Versuchen der Machtdemonstration schnell alles wieder beim Alten.

Dackelfreunde beachten bitte: Teckel sind höchst wandelbar, verfärben sich aber dabei nicht und Auflagen von Familienangehörigen zur Teckelnutzung sind auch doof. Schön, dass Dackel erkennen, wer der echte Chef ist.

Fritz und die Ordnungshüter

Als Fernsehgeräte noch über sechs Knöpfe mit maximal drei Programmen verfügten, sah man bei den in überschaubarer Menge dargebotenen Kriminalserien sehr selten Blut, geschweige denn andere Gliedmaßen oder sonstige Teile aus dem Inneren des menschlichen Körpers auf der Mattscheibe.
Dafür wurden aber Polizeibeamte in Uniformen mit befremdlicher Farbzusammenstellung präsentiert. So etwas wie beige Beinkleider, dazu so etwas wie gelbe Hemden mit so etwas wie grünem Stoffrest um den Hals, der die Sauerstoffzufuhr abschnitt. Alles eingehüllt in einer so etwas wie dem Körper angepassten beschrifteten Lederjacke.
Im krassen Gegensatz zu dieser Ausstaffierung stehen doch die schmucken, farblich aufeinander abgestimmten, angemessene Autorität ausstrahlenden Uniformen, die aktuell unsere Staatsdiener zieren. Genau eine solche schicke Uniform hatte ich im Augenwinkel aus dem Seitenfenster unseres Volvos blickend ausgemacht. Jetzt würde es nicht mehr lange dauern, bis eine zweite ebenso schicke Uniform gefüllt mit einem Wachtmeister mit einer winkenden Kelle auftauchen würde. Kaum hatten wir die nächste Kurve in höchst angemessener Geschwindigkeit in dem kleinen Heidedorf durchfahren, wurde meine Vermutung zur sichtbaren Realität. Wirklich schick, das satte Blau des Uniformstoffes, die dezent weißen Streifen an der Hosennaht, die neuen Schirmmützen mit einem sympathisches Lächeln darunter.
Um Hund und Kinder auf den bevorstehenden Kontakt mit den Ordnungshütern adäquat vorzubereiten, bemerkte ich in kurzen knappen Sätzen: „Also keiner sagt bitte etwas, alle ganz ruhig bleiben, euer Vater hat sich da gerade unkorrekt im Straßenverkehr verhalten. Das werden die Beamten mir gleich sachlich erklären. Also verstanden, alle ganz ruhig bleiben, ich rede bitte nur." Fritz schaute verständnisvoll, er hatte also verstanden. Katharina und Phillip hatten wirklich verstanden, denn sie machten leicht verängstigte Gesichter. Die Situation schien ihnen nicht ganz geheuer zu sein. Es lag ein „Papa muss jetzt ins Gefängnis, so ein Mist, wir müssen uns jeden Tag unsere Schulbrote selber schmieren" in der Luft. Wir hielten an.
Pflichtbewusst kurbelte ich die Seitenscheibe herunter. Sekunden der Stille, auch auf der Rückbank. Diese wurde durch ein freundliches „Guten Tag, Führerschein und Fahrzeugpapiere bitte" unterbrochen. Ich nestelte alles aus meiner Brieftasche, übergab die gewünschten Dokumente. Nach kurzer Prüfung erhielt ich sie wieder zurück, auf der Rückbank herrschte immer noch eine ungewohnte To-

tenstille. Jetzt sollte natürlich der Vortrag mit Belehrung zu meinem Vergehen erfolgen. Also beugte sich der immer noch in seiner Uniform sehr schneidig aussehende Beamte nach vorn, um mir besser in die Augen blicken zu können.
Da brach plötzlich der ganz unvorhergesehene Sturm von der Rückbank los. Während Fritz das Vorbeugen als tätlichen Angriff auf seinen Rudelführer deutete und sich veranlasst sah, gen gebeugtem Beamten zu hechten, begannen die Kinder wild durcheinander zu lamentieren. Damit erreichte den zurückschreckenden Wachtmeister eine wahre Lawine von Verteidigungsreden, dass ich nichts falsch gemacht hätte. Ich würde immer darauf achten, dass die Kinder angeschnallt seien, würde mich oft über Leute aufregen, die zu schnell fahren. Zu schnell fahren würde übrigens auch nur Mama und die bekomme auch immer die Umschläge mit dem Falschparken. Die erregten Kinderstimmen wurden dabei wenig melodisch, aber beeindruckend von der tiefen aggressiven Stimme von Fritz untermalt, den ich versuchte zu bändigen, um ihn am Herausspringen aus der offenen Scheibe zu hindern. Den kampfbereiten Kerl presste ich mit beiden Armen an meinen Brustkorb. Dabei hatte ich im Profil den direkten Blick auf sein ausgesprochen gleichmäßiges und weißes Gebiss. Es ist beeindruckend, diese Zahnreihen so dicht vor Augen zu haben. Auch die Größe seines Fangs, die angespannte Kiefermuskulatur war herrlich, aus der Nähe anzusehen. Wäre ich ein Fuchs gewesen, wäre ich ganz schnell geflüchtet. Bin ich aber nicht und saß sogar noch in der Falle.
Die Gesamtsituation benötigte eine schnelle Beendigung. Also setzte auch ich ganz kurz mein Sprachorgan ein. Dies tat seine gewünschte Wirkung, alles war wieder ruhig.
Der Beamte schien ob dieses unerwarteten Schauspiels mindestens beeindruckt. Er näherte sich wieder. Dabei erkundigte er sich, ob dies öfter vorkommen würde. Fritz interessierte die Frage nicht, er wollte ein Stück schicke Uniform. Katharina und Phillip nickten: Ja, Papa kann lauter als Fritz. Nun folgte der Hinweis, dass die Straßenverkehrsordnung das Anschnallen des Fahrers vorsehe. Ich bestätigte dies reumütig ohne weitere Rechtfertigung, ich hatte vergessen, mich anzuschnallen, Punkt. Natürlich sei ich auch mit dem Verwarngeld einverstanden. Im Auto weiterhin Totenstille, Fritz natürlich immer noch auf wenigstens ein kleines Stück Uniform fixiert. Dann hörten wir den Satz: Ihre Familie setzt sich sehr für Sie ein, das hat mir imponiert. Ich reduziere die Strafe um soundsoviel Euro, dann können Sie die Anwesenden bei einer großen amerikanischen Fastfood-Kette für ihre Verteidigung belohnen. Im Auto immer noch Totenstille. Fritz reduzierte sein Ansinnen auf ein ganz, ganz kleines Stück Stoff.

Was auch immer mir den Mut gab, jedenfalls entgegnete ich, dass man mit dem reduzierten Betrag weder einen Burger noch einen Knochen beschaffen könne. Und tatsächlich, der freundliche Schutzmann tat es, er war höchst schlagfertig. Mit einem breiten Schmunzeln bestätigte der auch jetzt immer noch sehr schick aussehende Beamte, dass ich tatsächlich Recht hätte. Eine weitere Reduzierung erfolgte, ich bezahlte in bar, verabschiedete mich und fuhr selbstverständlich angeschnallt weiter. Fritz schaute die ganze Zeit von der Seite, er hatte Knochen verstanden. Den würde er ganz sicher einfordern, wie die beiden Verteidiger auf dem Rücksitz auch auf ihren Burger pochen würden.

Dackelfreunde beachten bitte: Wenn man sich im Auto anschnallt, kann man den Besuch von Fast-Food-Restaurants vermeiden. Gehen Sie nicht grundsätzlich davon aus, dass jeder Polizeibeamte Ihrem Hund einen Knochen spendiert. Und schick aussehen tun sie aber, diese neuen Uniformen.

Coco liebt Dackel und Dackel lieben Coco

Ein Hund fühlt sich immer dann wohl, wenn er mit seinem Rudel zusammen ist. Ob das wirklich in jeder Lebenslage so ist, kann ich nicht wirklich belegen. Fritz ist jedenfalls ein klassischer „Dabei-Hund". Er ist, wenn nicht verboten, immer dabei. Manche Museen lassen einen Hund mit Leine zu. Andere Sehenswürdigkeiten schreiben ein passendes Tragebehältnis vor, in Lebensmittelgeschäfte dürfen keine Hunde, Hotels sind mal so und mal so und ganz andere points of interest gestatten die unangeleinte Begleitung. Eine Besonderheit bilden Seilbahnen, in denen zum Teil ein Maulkorb vorgeschrieben ist. Das liegt vermutlich an den vielen strammen Waden, die sich auf engem Raum drängen und damit einen entsprechenden Reiz zum Zupacken ausstrahlen.

Wir befanden uns en famille aber weder in den Bergen noch vor einem Museum. Eine schmale geteerte Fahrbahn mit sehr hohen Randsteinen trennte uns von dem auf der gegenüber liegenden Straßenseite befindlichen, schlicht in weiß gehaltenen Eingangsbereich eines typischen Altbaus der Pariser Innenstadt. Zwei blitzeblanke Glastüren, durch die man selbst von unserer Position das freundliche Lächeln des dahinter befindlichen Portiers ausmachen konnte, luden zum Eintreten ein. Trotzdem zögerte ich noch einen Augenblick – mir war etwas unbehaglich. Dann mit einem Ruck, die Leine in meiner Hand fest zugreifend, strebten wir auf das Lächeln zu, das mit zunehmender Verringerung der Distanz immer breiter wurde. Die Glastüren öffneten sich. Nicht nur die Familie, sondern auch der an meiner Seite befindliche Dackel wurden „persönlich" begrüßt. Kein überschwängliches Knien mit Streicheln oder ein verhaltenes Bücken mit Hand auf Kopf Kontakt, sondern ein dem maßgeschneiderten wie angegossen sitzenden dunklen Anzug angemessenen dezenten Verbeugens des Oberkörpers.
Am Ende des mit weißem Marmor auf dem Boden und Spiegelflächen an der Wand versehenen Eingangbereiches erfolgte die zweite Begrüßung des Hundes durch eine ebenso makellos bekleidete Dame, die sich nach unseren Wünschen erkundigte. Dies war recht einfach zu erklären, denn der Grund, weshalb sich der in Fuchsbauten glücklich fühlende Dackel hier in dieser erlesenen aber artuntypischen Umgebung befand, war das Schulzeugnis unserer Tochter. Ich hatte mich dazu hinreißen lassen, für einen besonderen Notenschnitt im Schulzeugnis ein „Fast, was auch immer" in Paris bei Chanel aussuchen zu dürfen. Sie hatte mit einem triumphierenden Lächeln, das Zeugnis präsentierend, geliefert. Jetzt war es an mir, meinen Teil der Abmachung einzulösen.

Ich erklärte also der zweiten Begrüßerin am Ende des Eingangsbereiches unser Ansinnen nach einem „Fast – was auch immer". Die Damen der Familie wurden prompt in den Bereich der glitzernden Flacons geführt, nein, es war kein Führen, sie wurden geleitet. Der Hund nebst Männern hingegen bekam einen Platz zum bequemen Abwarten zugewiesen, wurden sozusagen angemessen abgelegt.
Kaum saßen bzw. legten wir ab, stand neben uns eine wieder tadellos gekleidete dritte Begrüßerin, die sich danach erkundigte, ob es für den auf dem Marmorboden abgelegten Hund bequem genug sei. Uns wurde jedenfalls eine Decke angeboten, die ich so höflich ich nur konnte dankend ablehnte. Wenn Sie nur wüsste, wo sich dieser kleine „Löwe" sonst aufhielt!
Durch die Auswahl der dargebotenen weiblichen „Kriegsbemalungen" und Duftstoffe fiel eine Auswahl natürlich nicht leicht, sodass uns nach geraumer Zeit nochmals eine Decke angeboten wurde. Fritz quittierte dieses Ansinnen mit einer freudigen Begrüßung, ich lehnte nochmals höflich ab. Zur dritten Begrüßerin gesellt sich nun eine vierte Begrüßerin, die scheinbar für Erfrischungen zuständig war. Ich akzeptierte für den Hund, unseren Sohnemann und mich ein Wasser, da wir nach einem Blick zu den Damen noch einige Zeit in diesen heiligen Hallen verbringen würden. Von der vierten Begrüßerin begleitet, erreichte uns jetzt der fünfte Begrüßer, der nicht nur zwei Gläser l'eau mineral, sondern auf einem silbernen Tablett mit einem gestärkten feingewebten Stofftuch eine Schale Wasser servierte. Das Tuch wurde dazu fein säuberlich auf dem Boden ausgebreitet, sauber ausgerichtet, um darauf die Schale Wasser zu platzieren. War dieses Ensemble nicht schon genug in der Darbietung eines Hundegedecks, wurde ebenso gekonnt noch ein kleines silbernes Schälchen mit drei Leckerlis in handbreitem Abstand neben die Wasserschale kredenzt. Auch damit noch nicht genug, denn final wurde alles noch einmal in eine perfekte Position gerückt. Eine kurze Handbewegung bedeutete die Freigabe. Voila, es ist angerichtet.
Fritz nahm wenig vornehm jedoch dankend an. Hoffentlich gewöhnte er sich nicht an diese überdurchschnittliche Behandlung. Wie würde es schließlich aussehen, wenn er bei seinem nächsten Einsatz im Grünen auf ein weißes Tuch bestünde und sich nicht mehr mit einem Bach oder einer übersichtlichen Regenpfütze begnügen würde.
Meine Gedanken wurden durch die Präsentation eines sehr übersichtlichen „Fast – was auch immer" unterbrochen. Da war jemand sehr bescheiden geblieben. Wir hatten fertig, wir konnten wieder ins echte Leben. Fritz spürte das, sprang auf, begleitete mich wie selbstverständlich ins Séparée zur Begleichung der Rechnung. Ein letztes Mal wurden wir UND Fritz von der dritten Begrüßerin und

dem ersten Begrüßer verabschiedet. Auf der Straße stellte unser Dackel sofort wieder auf Normalmodus um, er versuchte eine vor dem Chanel-Schaufenster sitzende Taube lautstark zu erreichen, all die widerfahrene Höflichkeit war vergessen, er war wieder er.

Dackelfreunde beachten bitte: Man sollte niemals Versprechen machen, die Unbehagen auslösen können. Schon gar nicht gegenüber Familienangehörigen, die sich daran noch erinnern ... Dackel können nicht nur Wald- und Hochsitzboden, sie können auch Marmor und Silbertabletts. Fritz trinkt lieber aus Heidebächen, auch wenn das gereichte Chanelwasser sicherlich so stilvoll ist, wie das Geschäft selbst.

Wer den Dackel hat, braucht auf den Schaden nicht zu warten

Jedes Kind weiß, dass es eine beachtliche Zerstörung des Regenwaldes gibt, dass Umwelteinflüsse erhaltenswerte Gebäude zerstören können, dass Kinder sich im Sandkasten gegenseitig ihre mit viel Mühe errichteten Kunstwerke zerstören und in der maritimen Welt sogar eine Schiffsklassifizierung existiert, die Zerstörer genannt wird. Alles sind für sich gesehen unsere Gefühlswelt negativ beeinträchtigende Dinge und Situationen, die alles andere als Freude verbreiten. Zerstörung ist nicht schön. Passt also somit auf gar keinen Fall zu einem Dackel als typischen Freudenspender, oder?
Das „oder“ muss hier bedauerlicher Weise mit einem einschränkenden „kommt vor“ beantwortet werden. Man finde sich bitte damit ab, auch die weltbesten Hunde tragen zerstörerische Züge in sich – egal ob jung oder alt, erzogen oder nicht oder teilweise.
Im Folgenden sind daher konkrete Beweise durch einige exemplarische Auszüge der persönlichen Spur der Zerstörung unseres Dachshundes an Hand von Tatortschilderungen mit zerstörerischem Ausgang aufgeführt:

SPUR 1: Sie hatte etwas Kannibalisches an sich und vollzog sich, von uns völlig unbemerkt, in Form eines infernalen unblutigen Gemetzels unter dem Korbsofa unserer Behausung. Feinsäuberlich befanden sich an jenem dunklen Ort des Grauens zig hundert Einzelteile eines selbst mit viel Phantasie nicht mehr vorstellbaren Plüschtier-Rauhaardackels der Firma mit dem Messing-Knopf im Ohr. Diese besonderen Stofftiere sind dafür bekannt, von bester Qualität und hoher Reißfestigkeit zu sein. Fritz hatte von Anbeginn eine besondere Affinität zu diesem unfreiwillig zur Verfügung gestellten Objekt der Begierde. Er hatte ihn entdeckt. Er hatte ihn sich angeeignet. Er war so etwas wie sein Kumpel, der in stillen Stunden meditationsgleich behutsam bekaut wurde. Der Kumpel wurde im Hundekorb bewacht, bei der Begrüßung präsentiert – die beiden wurden mit der Zeit eine Einheit.
Und doch fand diese plüschig-innigliche Beziehung ein so unromantisches Ende. Das ehemalige Kuscheltier, der Kumpel, der Mediator, jetzt war er geschreddert, bis zur Unkenntlichkeit zerstört. Aus welchen Gründen auch immer diese meine seit Kindheitstagen aufbewahrte Erinnerung zerkleinert wurde, haben wir bis heute nicht ergründen können. Wenigstens den Knopf mit gelbem Markenlogo habe ich mir als Erinnerung sichern können.
Zerstörung: Ein Kuscheltier.

Spur 2: Wenn man zu den Menschen gehört, die beim Duschbad singen, dann möchte man normalerweise nicht gestört werden. Also, so *richtig* nicht gestört werden, weil man schließlich durch das Rauschen des Wassers immer davon ausgeht, dass man die gewünschten Töne auch sauber trifft. Somit auch davon ausgeht, seiner Umwelt etwas vermeintlich Angenehmes darzubieten. Etwaige Nebengeräusche wie leichte Radiomusik, gleichmäßige Waschmaschinen- oder Wäschetrocknerrhythmen beeinträchtigen das Szenario ebenso wenig wie der monotone Klang eines Staubsaugers. Sie dienen eher der Unterstützung der Darbietung.

An jenem Tag waren es Staubsauger mit Gattin, die meine musikalische Duschdarbietung untermalten. Ich hatte nachlässigerweise die Badezimmertür mal wieder nicht geschlossen. Gerade beim Hauptteil, das Singen unterbrechend und die Duschbürste für das passende E-Gitarren-Solo vor dem Bauch haltend, erscholl aus dem Flur ein völlig ungeplantes anhaltendes Background-Geheule. Die Gattin konnte es nicht sein, sie erträgt meine vokalen Darbietungen seit Anbeginn der Zeitrechnung unseres Zusammenseins ohne Kommentar. Kinder waren keine anwesend. Also blieb nur noch Fritz übrig. Während dieser „Wer will hier mit mir singen?"-Analyse war das Geheul auch schon verstummt. Die Untermalung des Staubsaugers übrigens auch. Mit einem Handtuch ausstaffiert, fand ich meine Frau nebst mitleidig dreinblickendem Dackel auf dem Schoß am Ende des Flures vor. Der Background-Sänger zitterte und das geteilte Staubsaugerkabel erklärte den Rest. Wer meint, dass Kabel sich zum Zerbeißen eignen und dann die Macht von 220 Volt in seinem nicht isolierten Körper spürt, der darf auch höchste Heul-Oktaven anstimmen sowie anschließend zittern. Seit jenem Tag hat Fritz jedoch nie wieder Badezimmergesänge „zerstört", anderweitige Kabel übrigens auch nicht.

Zerstörung: Ein aufrollbares dreiadriges Kunststoffkabel.

Spur 3: Der gemeinsame Genuss von Lebensmitteln ist eine Freude. Der Genuss von Lebensmitteln in der Fremde kann eine Erhöhung dieser Freude herbeiführen, da es sich oftmals um etwas Anderes, etwas Neues handelt. Aus diesem Grund hatten wir uns in der wunderschön sanierten historischen Altstadt von Danzig niedergelassen und genossen den abendlichen gedämpften Trubel, der sich vor uns auf dem Kopfsteinpflaster flanierend darbot. Wir begannen mit einem opulenten Abendessen. Fritz befand sich in Ruheposition, mit der Leine sicher am filigranen Tischbein befestigt und genoss die Abendsonne. Teller für Teller füllten den Tisch, die Kinder hatten sich auch etwas Unbekanntes bestellt.

Der Schmaus konnte beginnen. Ein großes kühles Glas Bier ergänzte wunderbar das vor mir befindliche überdimensionierte Fleischgericht. Andächtig ergriff ich das Besteck.
Ein ohrenbetäubendes, durch Mark und Bein gehendes metallische Schrammen leitete das hereinbrechende Chaos ein. Einem Volltreffer einer Star-Wars-Laserkanone gleich folgte dem Schrammen das Scheppern und Klirren von Glas und Gebrauchsgeschirr, Besteck und Tischschmuck, gepaart mit dem unangenehmen Gefühl eines zunehmend durchnässten Schoßes, des Weiteren warmer Soße an den Unterschenkeln sowie ein sattes „Flatsch" meines Fleischstücks auf dem Boden. Das beginnende zurückhaltende Gelächter an den Nachbartischen war dabei nur bedingt wahrnehmbar.
Während die Bratensoße meine Schuhe erreichte, trat Besinnung ein. Zunächst Besinnung auf den polterabendähnlichen Scherbenhaufen, der mich, der uns umgab. Dann all die nunmehr unansehnlichen Speisen, durchtränkt von den in leichter Bewegung befindlichen Getränken. Zu guter Letzt der Verursacher, der, wieder in meiner Nähe sitzend, eifrig das Stück Fleisch verschlang, ohne sich um irgendetwas zu kümmern. Er hatte bei all dem Lärm das „Flatsch" der Zierde meines Hauptgerichts trotzdem vernommen, hatte die richtigen Schlüsse gezogen – „Flatsch" gleich Boden.

Ja, keiner hatte die Hündin gesehen. Nur Fritz. Keiner hätte geahnt, dass er sofort auf sie zurennen würde. Außer Fritz selbst. Keiner hätte gedacht, dass er die Kraft besäße, den Tisch durch seine Leine so ruckartig in Bewegung zu versetzen. Nur eben Fritz.
Zerstörung: Ein Bierglas, drei normale Gläser, zwei Teller (ein großer und ein kleiner), ein Salzstreuer, ein Fleischgericht, eine Vase mit frischen Blumen…

Dackelfreunde beachten bitte: Zerstörung ist wirklich nicht schön. Wenn Dackel etwas zerstören, ist das auch nicht schön, man kann aber versuchen, sich damit abzufinden. Mit einem Bratensoße-Rotwein-Gemisch auf der Bekleidung durch die Danziger Innenstadt zu laufen, ist nicht so schlimm, wie die Zerstörung des Regenwaldes.

Und eine Macke hat er doch – oder: Immer Erster um jeden Preis

Athleten sehen es als ihren Lebensinhalt an, Bergsteiger gehen dafür ein kalkulierbares, aber hohes Risiko ein, Politiker fühlen sich schon aus der Natur der Sache heraus dazu verpflichtet und Neil Armstrong hat es in besonderer Form im Blut gehabt: Es geht um die Leistungsbereitschaft der Kategorie A – einfach Erster sein zu wollen, Erster auf dem Mond, Erster auf dem Gipfel eines Berges, als Erster über die Ziellinie und ganz oben auf dem Podest mit der Nr. 1 zu stehen. Die andere, die gegensätzliche Kategorie, Kategorie B, steht für jene Charaktere, die dabei sein wollen – einfach dabei und gut. Das ist ausreichend, ohne jeglichen Siegerwillen.

Bis zu unserer ersten Radtour war Fritz auch einfach immer nur dabei. Also entsprach er der Kategorie B. Er war Teil des Rudels. Dabei im Wald, dabei auf Reisen, dabei bei Besuchen, dabei in der Innenstadt, dabei, wo wir uns eben gerade befanden. Wenn er nicht dabei war, machte er das, was ihm sonst viel Freude bereitet. Er schläft, er frisst und er vergnügt sich mit sich selbst. Oder, er vergnügt sich zunächst, schläft dann und frisst zum Abschluss. Manchmal frisst er aber auch als erstes, vergnügt sich dann, um schließlich in seinem Körbchen zu schlafen. Ein bunter Strauß an Varianten. Auf den Punkt gebracht, entweder Genuss mit Spaß oder eben dabei sein. Wirkliche Ambitionen bzw. Ehrgeiz waren bei ihm nicht erkennbar. Schon gar nicht die Kategorie A, also bei irgendetwas die Nr. 1 sein zu wollen.
Dies änderte sich durch einen Fahrradkorb. Ein Fahrradkorb, der beim Rudelführer – bitte nicht vergessen, das bin grundsätzlich ich – auf dem Gepäckträger des entsprechenden Drahtesels fachgerecht montiert wurde. Damit sollte sich das Rudel also auch per Zweirad mit Hund im Korb durch die Lande bewegen können. Gesagt sowie angeschraubt stand ein solcher Ausflug bevor. Alle Rudelmitglieder fanden sich vor dem Hause ein. Der Vierbeiner wurde behutsam in seinem neuen Korb verstaut. Etwas kompliziert mit besonders hohem Beinaufschwung sowie nach Unfallverhütungsvorschrift sicherlich grenzwertig, erfolgte eine Fahrradkorbrad-Besteigung durch den Rudelführer. Es konnte endlich losgehen. Zehn Meter ohne Fahrtwind wurden erreicht. Fünfundzwanzig Meter mit zunehmendem Fahrtwind ebenfalls. Bei Meter fünfzig setzte jedoch unverhofft ein ohrenbetäubender Jaulton ein. Ein Jaulton, der selbst ein Martinshorn der Polizei in den Schatten stellt. Durchdringend, wirklich sehr laut und durch

Mark und Fahrradbein gehend. Das sofortige Bremsen ließ das Alarmsignal abrupt verstummen. Weder Pfoten noch Behänge oder Dackel-Rute, nein, kein gar nichts war in den Speichen eingeklemmt oder sonst wie in Mitleidenschaft gezogen worden, keine sichtbare andere Beeinträchtigung der dackeligen Gliedmaßen auszumachen. Unser Fritz war völlig unversehrt. Nur die von allen Seiten eintreffenden Blick-Blitze bereiteten Schmerzen. Aus dem Einkaufsladen, von Passanten, von anderen Radfahrern der nahen Umgebung erreichte uns eine Welle von Blicken, die blitzten, die klar und unmissverständlich das Quälen dieser Kreatur in unserer Obhut missbilligten, ja anklagten.

Trotz dieser verständlichen, aber ungerechtfertigten Missachtungswelle, starteten wir gemeinschaftlich einen weiteren Versuch: Zehn Meter ohne Fahrtwind, fünfundzwanzig Meter mit zunehmendem Fahrtwind und ab der Marke 50 Meter zuckten auf uns wieder die Blitz-Blicke der uns Umgebenden, denn das Heulen war erneut entfacht – herzzerreißend sowie andauernd. Es machte den Anschein, als ob hier ein unschuldiges Lebewesen auf ungeheuerliche Weise gemartert bzw. ihm unerträgliche Schmerzen zugefügt wurden und das mit Hilfe eines so perfiden Folterinstrumentes wie einem fest verschraubten Fahrradkorb mit Decke. Ein nochmaliger abrupter Stopp brachte erneute Erlösung in Form von Ruhe. Das missbrauchte Geschöpf schaute nach diesem Stopp wieder einfach nur aufmerksam in die Runde, als ob nichts geschehen wäre.

Nun ist es sicherlich verständlich, dass man keine Radtour unternehmen kann, bei der man alle 49 Meter stoppen muss, jedenfalls, wenn man auch irgendwo, irgendwann ankommen möchte. Wir brachen für diesen Tag ab und schoben die Räder die zurückgelegten 100 Meter enttäuscht und verunsichert zurück nach Hause.

Als Gegenmaßnahme ersann der Familienrat in den folgenden Wochen eine Batterie an Maßnahmen. Es wurde als erstes die Korbunterlage ausgetauscht – Nix. Es wurden Leckerlies akrobatisch vom Nachbarrad an den Korbinhalt übergeben – Nix. Während des Anfahrens gab es beschwichtigende Worte – Nix. Es wurde gedroht - Nix. Es wurde von allen Seiten gedroht – Nix.

Auch die nächste Stufe zur Jaulverhinderung, mittels einarmigen Fahrens die freie Hand zum Verschließen des Heul-Fang nutzend, brachte nur höchst virtuos anmutende Tonlagen hervor, sozusagen Sirenen-Varianten, aber mitnichten die gewünschte Verstummung, also auch Nix.

Nach 50 Metern war eine imaginäre Schallgrenze erreicht, die einen Heulreflex bei unserem Dackel auslöste. Selbst der finale kluge Ratschlag von Fachleuten, den Heuler mit Wasser aus einer Sprühflasche zu malträtieren, hatte außer eines

durchtränkten Hosenbodens nebst Gesäß des Rudelführers und eines pudelnassen Dackels keine Wirkung – absolut gar NIX.
Fahrradkorb bzw. Radfahren ging aus unerklärlichen Gründen nicht! Wir wussten uns jedenfalls keinen Rat mehr. Auch der verzweifelte Vorschlag, nur nachts entsprechende Touren zu unternehmen, bei denen uns niemand sehen würde, fand keine Umsetzung. Der Korb blieb am Rad, der Hund auf dem Boden. Radtouren mit dem Heuler wurden zunächst auf Eis gelegt, bis sich eine Lösung finden würde.

Dass es gar nicht grundsätzlich am Rad bzw. Korb lag, bewiesen im Rahmen einer Wanderung Schwager und Schwägerin. Oder besser die einzigen echten Onkel und Tante, vielmehr der Bruder meiner Gattin nebst Frau.
Als sich diese engste Verwandtschaft nach einem ausgiebigen Marsch für Fritz gut sichtbar in ihr Kfz begab, sich dabei erdreistete vor uns zu starten, um dann sogar noch die „Führung“ unserer kleinen Kolonne zu übernehmen, nahm dies unser angegurteter Dackel sichtlich, bzw. wieder hörbar übel. Er tobte UND jaulte. Er jaulte aber nicht erst ab Meter 50, sondern bereits ab Meter 5. Ein Vorteil war lediglich die Abgeschlossenheit der Fahrzeughülle, die uns vor erneuten Blicken von Mithörenden schütze. Ein Stoppen des Fahrzeugs, beim Fahrrad noch ein erfolgreiches Gegenmittel, nutzte hier nichts. Der Heuler heulte ohne Unterlass. Ein Überholen des familiären Führungsfahrzeuges wirkte jedoch Wunder, denn kaum setzten wir uns an die Spitze, war plötzlich alles wieder gut. Völlige Ruhe, der Hund die Gelassenheit in Hund. Wir waren vorne, wir waren die Ersten, das reichte aus.
Unser Vierbeiner hatte also weder etwas gegen das Fahrradfahren, noch gegen einen Korb. Er hatte auch gar nichts gegen Onkel und Tante, die er ansonsten in völliger Ekstase begrüßte. ER wollte nur niemanden seines Rudels vor sich haben, ER wollte immer die Spitze bilden.
Damit war schlussendlich auch die ersehnte Lösung gefunden. Der Korb wurde an den Lenker des Fahrrades montiert. Damit war Fritz einer Galionsfigur gleich der Erste, er war vorn. Das Heulen gehörte fortan der Vergangenheit an. Nur wenn ihn jemand vom Rudel oder der engsten Verwandtschaft überholt oder auch nur die Anstalten dazu macht, dann ist alles sofort wieder beim Alten. Dann schlägt die Kategorie A durch – Ich will Erster sein.
Eine Macke, wenn man herausgefunden hat, woher sie kommt, mit der man umgehen kann.

Dackelfreunde beachten bitte: Wer gerne einmal so richtig in der Öffentlichkeit auffallen möchte, also mehr als mit einem einzigartigen Oldtimer, mehr als mit einer Turbo-Musikanlage oder einer grellen vielfarbigen Haarfärbung, der nutze einen entsprechend veranlagten Dackel im Fahrradkorb und bewege sich mit diesem mehr als 50 Meter fort.

Fritz und Social Media – oder: Dackel auf Instagram

Dackel können sich rühmen (andere Hunderassen natürlich auch), durch ihre ausgeprägten Sinne über eine konstant erfolgreiche Kommunikationstechnik in ihrer Stammesgeschichte zu verfügen. Bei uns Zweibeinern ist dies bekanntermaßen anders. Unsere defizitären natürlichen Fähigkeiten gleichen wir zunehmend durch technische Hilfsmittel aus. Eines davon – ob nun von dem obstlastigen oder einem anderen Mobiltelefon-Hersteller – gehört wie einst die Holz-Keule mittlerweile zum Standardbegleiter des homo sapiens.
Sollten Sie, werter Leser, zu jenen gehören, die davon überzeugt sind, dass man im Urlaub Postkarten zu schreiben hat, sich regelmäßig in „echt" mit Freunden treffen kann, Fotos noch mit einer Kamera anfertigt, sein Auto noch selbst einparken oder gar ein Telefon ausschließlich zum Telefonieren nutzt, dann steht es Ihnen an diesem Punkt frei, das jetzt beginnende Kapitel zu überblättern.

Bisher habe ich mir eingebildet, die technischen Möglichkeiten dieser unserer handlichen Begleiter ohne Kabel, in der Brust- oder Gesäßtasche transportiert, ausreichend zu beherrschen. Die nicht beherrschten Bereiche brauchte ich nicht, weil sie schließlich nicht notwendig sind. So war es also kaum verwunderlich, dass ich die Gruppe von Jugendlichen, die zusammengerottet ihre Schulpause auf „unserer" Wiese im nahegelegenen Stadtwald verbrachten, mit der provokanten Bemerkung begrüßte, sich doch gelegentlich einfach einmal wieder zu unterhalten, anstatt gemeinschaftlich auf die schokoladentafelgroßen Bildschirme zu starren. Fritz hingegen unterbrach unseren Spaziergang, um – ohne vorgefertigte Vorurteile in seinem Inneren – jeden der Handybesitzer freundlich zu begrüßen. Er umrundete die Sitzenden rutewedelnd.
Höflich wurde uns nunmehr entgegnet, man würde hier „instern". Weder Fritz noch meine Wenigkeit wussten, was das ist. Die erhaltene Erklärung würde ich so zusammenfassen: Es ist nicht das, was der erste Mann in den Vereinigten Staaten täglich nutzt, auch nicht das, was man eigentlich auf Deutsch Gesichtsbuch nennen sollte, sondern eine Möglichkeit, eigene Fotos oder Filme zu veröffentlichen, bei denen man der Meinung ist, dass die Welt sie braucht. Was also noch vor Menschengedenken nur einer ausgesuchten, meist wohlhabenden Personenschicht vorbehalten war, Lebensabschnitte in gedruckter Form oder in Öl für die Nachwelt zu erhalten, kann durch Instagram heutzutage Jedermann vornehmen. Soweit so geklärt.
Natürlich musste ich den Sinn entsprechend meiner eingeschränkten Kennt-

nis zunächst bezweifeln. Fritz hatte sich ohnehin ausgeklinkt und schnupperte ganz konventionell mit tiefer Nase die Umgebung nach neuen Nachrichten ab. Ich hingegen setzte den freundschaftlichen Disput fort. Durch die gezielte Provokation der mir gegenüber sitzenden Insta-Front, die behauptete, ich hätte ja gar keine Ahnung, könne gar nicht mitreden, wäre nicht einmal in der Lage, da irgendwelche Erfolge zu erzielen, kam es schlussendlich zur Vereinbarung eines kleinen Wettbewerbs. Ich musste mich verpflichten, in einer Zeit X eine Anzahl Y von Likes und Followern, was auch immer das war, zu erzielen. Würde ich es erreichen, würde man mir etwa zum Beispiel eine Autowäsche per Hand anbieten. Bei kläglichem Versagen wäre es an mir, Nahrung nach Wunsch für die Gruppe zur Mittagspause zu spendieren. Damit hatte ich mir, bei dieser eigentlich immer ruhig verlaufenden Hunderunde, den Salat, nein, es sollte Fast-Food sein, selbst eingebrockt.

Nun benötigt man etwas Auffälliges, um sich in der Welt von Insta per Foto oder Film schnell zu verbreiten. Dummerweise kann ich weder singen noch ein Instrument spielen, Kochen ist ebenfalls nicht meins und sportlich gibt es auch nichts Hervorstechendes zu vermelden. Nichts was ich kann, interessiert die Welt wirklich – also keine erfolgversprechenden Aussichten für das vereinbarte Unterfangen.
Auf dem Rückweg gen zu Hause noch ins Grübeln vertieft, kam die naheliegende Aussicht auf mich zugelaufen. Die Lösung lief dann in zügigem Passgang an mir vorbei, um vor der Haustür zu stoppen. Wenn ich schon selbst nichts kann, habe ich aber ein Etwas, das etwas kann. Natürlich – ein Dackel geht immer und Dackelblick auch.
Unser Vierbeiner signalisierte nach eindringlichem Zureden und einigen Leckerlis durch kräftiges Rutewedeln noch auf der Türschwelle, dass er als Objekt der Begierde für die Außendarstellung bei Insta bereitstehen würde.
Dackel verstehen eben alles – auch Soziale Medien.
Also entstanden in den kommenden Wochen Bild um Bild in allen Lebenslagen. Mit einer Unterschrift versehen wurden sie „eingestellt“ und verbreiteten

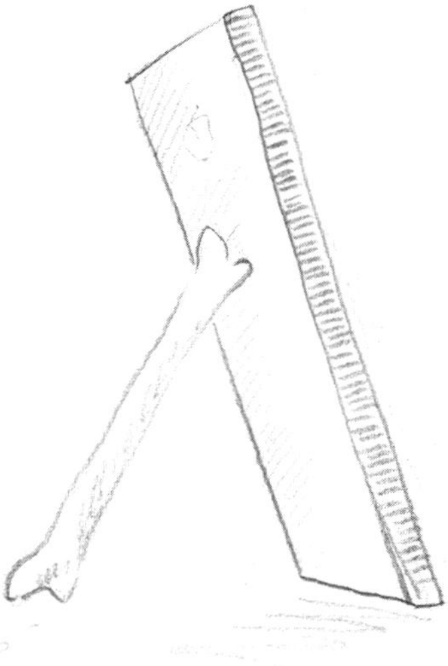

sich. Dackelblick sowie vielseitige Einsatzbereitschaft sollten sich auszahlen. Das neu entdeckte Fotomodel posierte bereitwillig vor der Kamera. Zeigte keine Zeichen der Verwunderung über den häufigen Blick ins Objektiv, die unzähligen ungewohnten Stopps, das Blitzlicht-Gewitter in den Abendstunden. Alle Bewegungen standen plötzlich unter Insta-Verwendungs-Erwägung. Das Insta-Model sprang, es verhielt sich ruhig, es schwamm, es rannte, es rannte nochmal, weil ich den Auslöser nicht gedrückt hatte, wartete auf das richtige Licht, es ertrug alles mit stoischer Ruhe. Diese dackelige Ruhe und Besonnenheit sorgten für tonnenweise Bildmaterial. Gewollt oder ungewollt entstanden Motive, die die Welt ausreichend interessierte. Die Bestätigung in Form von gewünschten Likes und Abonnenten stellte sich ein. Sie begann sich förmlich zu überschlagen. Damit wurde die Bildtaktung noch enger, alles war nur noch Insta. Wir befanden uns auf dem schmalen Pfad, ausschließliche Instas zu werden!

Aber nicht nur das, es ergaben sich im Gegenzug plötzlich ungeahnte Einblicke in die internationale Dackel-Welt.

Peru, Argentinien, China, Russland, Thailand, Tokyo, Paris, New York, Sidney, Villingen-Schwennigen, Hückeswagen und Wanne-Eickel, alles voll mit Insta-Dackeln, die uns, oder denen wir folgten. Was für eine Vielfalt, was für unbekannte Ecken dieses Planeten, was für Prachtexemplare, was für Dinge Dackel so auf der ganzen Welt tun und treiben, war plötzlich in aller Vielfalt mitzuerleben. Kein Bildband vereint die unglaublichen Dinge, die Dackel so vollbringen, wie sie dort in dieser Fülle zu sehen sind.

Es gibt Dinge, von denen ich nie gedacht hätte, dass sie von Dackeln vollbracht würden. Auf Insta waren sie zu sehen.

Ich muss gestehen, ich habe regelmäßig gebannt auf meinen schokoladentafelgroßen Bildschirm gestarrt!

Ob man das braucht oder nicht, sei bitteschön selbst zu entscheiden. Wie intensiv man sich damit beschäftigt, ebenfalls, aber in jedem Fall öffnen sich tatsächlich ganz neue Welten und interessante Kontakte. Aus dieser Welt der Sozialen Medien resultieren mittlerweile mehrere sehr nette Bekanntschaften mit gleichgesinnten Dackelbegeisterten, die ich ohne Insta sicherlich nicht geschlossen hätte.

Dank unseres vielseitig einsetzbaren Fritzen hatten wir die vereinbarte Zahl X und Y zum Stichtag erreicht bzw. übertrafen diese zum sichtbaren Erstaunen meiner, nein, unserer Herausforderer. Mit selbstgefälligem Grinsen präsentierte ich die Ergebnisse. Fritz ließ dies wieder völlig kalt, er war mit seiner Nase wieder ganz woanders.

Schlussendlich spendierte ich die Nahrung trotzdem und wandelte die zustehende Autowaschung in eine angemessene Zahl zu überreichender Kau-Knochen, an denen unser Insta-Dackel noch immer freudig zu zehren hat. Auch wenn ich jetzt mein Telefon wieder hauptsächlich zum Telefonieren nutze – regelmäßig, wenn wir die Wiese passieren, tauschen wir mit der Insta-Gruppe unsere aktuell erreichte Zahl an Abonnenten aus.

Dackelfreunde beachten bitte: Soziale Medien braucht eigentlich kein Mensch, Dackel brauchen sie schon gar nicht. Aber wenn man sich damit auseinandersetzt und sie einen Sinn ergeben, dann können sie viele aufschlussreiche Einblicke bieten. Das dürften Dackel nicht anders sehen und falls doch, gibt es wenigstens Knochen.

Das allerletzte Wort hat Fritz – oder: Mein Leben mit den Unbefellten

Es wurde angenehm kühl an meinem Bauch, als ich ausgesprochen behutsam angehoben wurde. Ein beruhigender Klang drang in meine Ohren. Ich wurde vorsichtig an etwas Warmes gedrückt, um ein gleichmäßiges leichtes Schlagen zu spüren. Ich wusste natürlich nicht, dass das der Herzschlag meiner Züchterin war. Schläge und Tritte und Stupser oder ähnliches habe ich bisher nur von meinen anderen geburtsbedingt nichtsehenden Geschwistern erhalten. Wir sind eben alle erst seit einem Wimperschlag auf dieser Welt – alle noch ganz frisch. Nach einem zärtlichen Moment, wurde ich ebenso behutsam wieder zu ihnen gelegt. Keinen in unserem Haufen interessiert es, wie man liegt. Blöd ist es nur, wenn man bei unserem abendlichen Aufstapeln zu den Untersten gehört. Da muss man sich dann nachts regelmäßig freigraben, auch wenn es den ganzen Stapel an Geschwistern neu mischt.
Als wir endlich sehen konnten, habe ich auch das Gesicht immer wieder erkannt, das zu dem Herzschlag gehörte. Verwunderlich war nur die Tatsache, dass das Gesicht sehr wenig Fell hatte.
Als wir uns alleine bewegen konnten, besuchten uns Woche um Woche mehr von diesen tatsächlich Unbefellten. Sie drückten uns, sie hielten uns, sie spielten ausgiebig mit uns. Dafür konnte man dann ganz prima an ihnen rumkauen und bei kräftigerem Zupacken wurden sie sogar herrlich laut.

Ein Rudel von Unbefellten hat sich in besonderer Form um mich ganz alleine gekümmert. Sie waren auch mehrere Male bei uns. Ihren Fremdgeruch habe ich mir jedenfalls gemerkt, irgendwie süßlich und nicht so würzig wie meine Geschwister. Dieselben haben mich dann sogar einfach in einer brummenden Kiste mitgenommen, einfach so. Das Brummen war jedenfalls irgendwie beunruhigend. Wenn man dann noch seinen Kopf ganz dicht an eine der unterschiedlichen Ersatzfell-Kuschelschichten, die die Unbefellten bei Helligkeit umgibt, hineindrückt, dann sieht man nichts mehr und kann herrlich schlafen. Besonders die Kuschelschichten der unbefellten Rudelmitglieder mit den sanften Stimmen sind mir von dieser Fahrt im Gedächtnis geblieben.
Überhaupt und bis zum heutigen Tage bewegen sich die Unbefellten relativ oft mit diesen brummenden Kisten durch die Gegend, obwohl Laufen doch viel schöner ist. Gewöhnt man sich an diese Dinger, ist es beinahe ein Spaß. Zunächst kann man an unterschiedlichen Plätzen sehr gut liegen. Besonders spannend

sind aber die schwarzen Spalten, die es überall verteilt in der Kiste gibt. Schön sind diese aber jedoch nur, wenn sie geöffnet sind. Herrlich, was da alles an Gerüchen herausströmt, die man durch die Nase aufsaugen kann. Genauso interessant ist es aber, durch die harten Lichtöffnungen zu schauen. Trotz kräftigem Druck mit der Nase gegen diese Öffnungen rührt sich nichts. Also muss man seine Nase immer ganz fest dagegen pressen. Das bringt zwar auch nichts, aber dahinter bewegt sich einfach enorm viel, was man beobachten muss. Zu dumm, dass man es nicht zerkratzen oder zerbeißen kann. Das habe ich schon alles versucht, aber es ist einfach unmöglich. Solche Öffnungen gibt es übrigens auch bei unserem Fress- und Schlafplatz, wo ich mich seit dieser ersten Fahrt mit dem brummenden Ding mit meinem neuen Rudel aufhalte.

Die Unbefellten haben mich nämlich in eine ganz neue Welt mitgenommen. Hier gibt es keine kleinen Geschwister, die mich bedrängen oder mit denen ich mein Fressen teilen muss. Hier sind nur zwei mittelgroße Unbefellte. Hier gibt es viele Höhlen und Verstecke, hier gibt es unglaublich viele weiche Dinge, auf denen man ganz hervorragend rumkauen kann. Hier gibt es einfach viele Dinge zum Entdecken, zum Aufspüren, zum Beobachten. Mittlerweile kenne ich nicht nur alles, ich kenne mich hier aus und passe auch darauf auf.

Zwei Bereiche sind an unserem Fress- und Schlafplatz ausgesprochen seltsam. Der eine ist eine hohe Erhebung, unter der man durchlaufen kann und an dem das Rudel regelmäßig ohne mich frisst. Ich habe es erst später geschafft, als ich springen konnte, über bewegliche Vorsprünge um die Erhebung nach oben zu gelangen. Leider war keine Nahrung mehr da.

Grundsätzlich werde ich an diesem Platz einfach missachtet, darf nur dem Rudel mit etwas Abstand zuschauen. Mit meinen großen Augen zu rollen, zu jaulen oder wimmern, mit den Pfoten kratzen, unbefellte Füße zu lecken, alles hat nichts geholfen, ich werde ignoriert. Das Rudel frisst ohnehin unglaublich lange. Völlig unverständlich, was so lange dauert. Sie bewegen dabei sogar richtig ihre Gesichter wie die großen schwarz-weißen Hunde mit Hörnern auf dem Bauernhof, da dauert das Kauen natürlich unendlich lange. So schnell wie ich können sie es jedenfalls nicht. Auch danach wird sich nicht einfach irgendwo gemeinsam hingelegt, sondern das Rudel verteilt sich. Für mich insofern praktisch, als ich mir dann immer einen Platz aussuchen kann, wo es mir besonders gefällt.

Der andere Platz ist von einem schneeweißen kleinen glatten Wall umgeben. Über dem Wall befindet sich eine bewegliche harte Lichtöffnung, durch die man sehen kann, an der man sich seine Nase platt drücken kann und vorsichtig sein muss, sie nicht vor den Kopf gestoßen zu bekommen. Viel wichtiger ist aber,

hier kann man regelmäßig dem Regen zusehen. Wenn es hell oder dunkel wird, finden sich fast alle Rudelmitglieder nacheinander an diesem Ort ein, um sich in den Regen zu stellen. Danach machen sie einen feuchten Eindruck und sind zufrieden, obwohl sie sich nicht schütteln, niemals. Keiner aus meinem neuen Rudel schüttelt sich. Das ist eben genauso komisch wie diese beiden Plätze.
Der Rest des Fress- und Schlafplatzes besteht eigentlich nur aus ganz unterschiedlichen herumstehenden Kisten. Es gibt eine weiße Kiste in der Nähe der Erhebung, die, wenn sie geöffnet wird, kalte Luft verteilt. Hier wird ein Teil des Fressens aufbewahrt, denn vergraben können die Unbefellten scheinbar nichts. In eine weitere Kiste werden durch ein rundes Loch alle kuscheligen Ersatzfelle hineingesteckt. Dann werden diese mit Regen vermischt und anschließend süßlich riechend wieder herausgenommen, um auf silberne Äste verteilt zu werden. Es gibt eine weitere Kiste, wo alles von der hohen Erhebung hineingesteckt wird, obwohl noch immer gutriechende Nahrung daran klebt.
An anderen Plätzen sind große Kisten, wo nur die kuscheligen Ersatzfelle aufeinander gestapelt liegen. Wesentlich flachere Kisten mit einer moosweichen Oberfläche werden dazu genutzt, darauf herumzuliegen, obwohl das Rudel fast nie zusammen herumliegt. Die beiden Leittiere bleiben zusammen, aber die mittelgroßen Unbefellten liegen getrennt. Vorteil daran ist, da ich ebenfalls nicht bei den Leittieren liegen soll, dass die mittelgroßen Unbefellten dies in ihren flachen Kisten heimlich zulassen. Somit habe ich bei einsetzender Dunkelheit immer die Wahl, wo ich schlafe.
Das Leben des Rudels ist ansonsten klar geregelt. Grundsätzlich hat das kräftigste und stärkste Mitglied auch die tiefste Stimme. Er scheint aber nicht alleine bestimmen zu können, jedenfalls hat das Muttertier auch oft eine laute Stimme und beherrscht dann alle Rudelmitglieder. Die jüngeren Mitglieder sind zwar auch manchmal laut, aber das interessiert keinen.
Täglich geht erst das Leittier mit der tiefen Stimme, meistens nach einem Besuch des Regenplatzes viel zu süßlich riechend aus der vorderen Öffnung des Fress-/Schlafplatzes. Dann folgen meine gleichberechtigen mittelgroßen Rudelmitglieder, die morgens nach gar nichts riechen. Als letztes verlässt mich das andere Leittier, das mich füttert und sich immer ganz besonders um mich kümmert. Sie riecht dabei immer süßlich. Jedenfalls riecht hier keiner so wie echte Fellträger.
Anfänglich dachte ich, ich würde für immer verlassen werden, die Unbefellten würden mich zurücklassen. Aber dann habe ich gemerkt, dass alle zu unterschiedlichen Helligkeiten des Tages immer wieder zurückkommen. Sie kommen erstaunlicherweise auch immer durch dasselbe Loch zurück, sodass es sich lohnt,

vor diesem mit viel Geduld zu warten. Was sie während der Abwesenheit machen, ist mir nicht klar. Nur manchmal bringen die Leittiere Nahrung mit, das kann man dann eindeutig riechen und zusehen, wie sie diese wieder nicht verstecken oder verbuddeln, sondern in die Kiste mit der kalten Luft bringen.
Mittlerweile, muss ich sagen, genieße ich den Zustand, wenn endlich alle morgens weg sind. Ich habe meine Ruhe, keiner stört mich, ich kann mir ganz alleine die Plätze aussuchen, an denen ich mit oder ohne Sonnenstrahlen auf dem Bauch herumliegen kann.
Natürlich ist es aber auch wieder schön, wenn alle wieder da sind. Übrigens quietschen und hüpfen die Unbefellten, wenn sie zurückkommen und mich sehen. Sie können nicht anders, weil die Armen keine Ruten zum wedeln haben. Auch sind ihre Zungen viel zu kurz, um mich abzulecken. Aber daran gewöhnt man sich auch. Hüpfen und Quietschen ist nicht wirklich schlecht.

Wenn sie zurück sind, geht es mehrere Male in die Umgebung unseres Schlafplatzes auf Pirschzüge. Je nach Jahreszeit muss ich mit einem langen Wurm um den Hals in der Nähe des Rudels bleiben oder kann auch ganz alleine den vielen interessanten Gerüchen nachspüren. Etwas Interessantes zu jagen gibt es meistens nicht. Wenn wir den Wechsel mit dem harten Boden laufen, kommen wir an einigen Höhlen vorbei, bei denen andere Unbefellte mein Fell pflegen wollen und dafür dann sogar noch Nahrung abgeben. Sind wir hingegen im Wald, suche ich mir selber etwas Interessantes. Dabei muss ich aber sehr aufpassen, wenn ich etwas finde oder mich sogar in etwas Besserem als süßlich Riechendem wälze. Bekommen die Leittiere dies mit, muss ich nach unserem Pirschgang zum Platz mit dem weißen Wall, wo es immer wieder regnet.
Ansonsten habe ich bisher nichts wirklich auszustehen gehabt und meine, auch weiterhin bei diesem Rudel zu verbleiben. Das Einzige, was ich mir für die kommenden Jahre wünschen würde, ist, in der Rudelhierarchie aufzusteigen. Darum bemühe ich mich jedenfalls regelmäßig, nur leider bisher ohne Erfolg.

Unbefelltenfreunde beachten bitte: Unbefellte sind grundsätzlich seltsam, aber es lässt sich mit ihnen im Rudel aushalten. Man kann jedenfalls die Dinge tun, die man am liebsten mag: Fressen, Schlafen, Spaß haben. Und wenn man Unbefellte ganz lange, also so richtig lange ansieht und nur etwas den Kopf schief legt, kann man fast alles von ihnen bekommen.

Auf ein allerletztes Wort zum Dackel – oder: Ein Dackel geht eben immer

Seit 43.813 Stunden verbringen wir unser Leben mit einem Dackel und haben keine einzige davon bereut. Natürlich gibt es Höhen und Tiefen, natürlich ist die Aufnahme eines Dackels in den Familienverbund ein ganz neuer Lebensabschnitt, natürlich gibt es Situationen, bei denen man den „Hot Dog" gerne sonstwohin wünscht, aber Dackel sind eben auch nur Menschen.
Für unseren Nachwuchs ist er ein treuer Freund, ein geselliger Kamerad, ein bedingungsloser Beschützer, ein einfühlsamer Tröster – eine prägende Erfahrung in puncto Verantwortung und Pflichtgefühl.
Für die Erziehungsberechtigten ist er zusätzlich ein leicht erziehbares Familienmitglied ohne Widerworte, ein dankbarer Esser ohne Spezialwünsche und beizeiten ein ausfüllender Ersatz für die sich verselbstständigenden Pubertierenden.
Für unsportliche Familienmitglieder – das bin nur ich – ein tägliches Fitnessprogramm in puncto Bewegung sowie abhärtend in den schattigen Wintermonaten.
Jeden Tag aufs Neue, ungebrochen, erfolgt immer gleichbleibend eine Begrüßung, die einem das Gefühl gibt, für Monate abwesend gewesen zu sein. Die Prozedur der Begrüßung nochmals wiederholend, wenn man erneut für fünfzehn Minuten die Behausung verlassen hatte und wiederkommt.
Allein der Anblick eines friedlich, bequem zusammengerollten Dachshundes, gleichmäßig atmend oder gar träumend, in völliger Ruhe in seiner ganzen Länge daliegend, erdet in einer besonderen Art, lässt jegliche belastenden Gedanken verfliegen.
Dann, von einer zur anderen Sekunde, wo unsereins erst Kaffee, Dusche oder sonstewas benötigt, ist bei diesen Vierbeinern volle Bereitschaft hergestellt, alle Akkus in Sekundenschnelle auf einhundert Prozent geladen. Kein Wecker hat dieselbe Wirkung wie der volle Körpereinsatz in den Morgenstunden, wenn ein Teckel signalisiert: „Aufstehen, da draußen ist das Leben und wir wollen jetzt daran teilnehmen und du musst jetzt mit".
Es hat sich bisher keine Situation ergeben, in der wir unseren Fritz nicht hätten mitnehmen können, in der er nicht volle Bereitschaft signalisiert hätte, er müsse dabei sein.
In Form und Größe handlich in alle ihn aufnehmenden Tragevorrichtungen (Fahrradkörbe ausgenommen) passend, geschultert oder einfach nur auf dem Arm befindlich, ist er eine auszuhaltende Last. Ansonsten ist kein Weg zu weit, keine Strecke zu lang, kein Wetter, das ihn zurückhalten würde. Vielseitig ge-

schaffen, trotz der nicht gerade langen Schrittmaße. Im Zweifel fliegt der Vierbeiner mit langgestrecktem Körper und wehenden Ohren.

Tja, und dann schlussendlich, so abgedroschen wie es ist, so effizient in der Anwendung – der berüchtigte, aber berechtigt charakterisierende Dackelblick. Aufmerksam, fordernd, durchdringend, bedingungslose Treue ausstrahlend, einfach unbeschreiblich.

Ein Leben ohne Dackel ist sicherlich möglich, ohne ihn für uns jedoch völlig unvorstellbar.

Ein Dackel geht eben immer!